俗語智慧

从浅白的语言中汲取人生智慧

千百年来，老百姓生活中的诸多经验、教训，以民间喜闻乐见的形式被总结成一句句的俗语，口口相传，流传至今，有不少俗语在今天仍被广泛使用。

这些俗语虽然语言浅白，但沉淀其中的丰富的人生智慧足以令我们受益匪浅。

赵玉林 ◎ 著

中国华侨出版社

图书在版编目（CIP）数据

俗语智慧/赵玉林著．－北京：中国华侨出版社，
2005.9
 ISBN 978-7-80120-996-2

Ⅰ．俗… Ⅱ．赵… Ⅲ．人生哲学—通俗读物
Ⅳ．B821-49

中国版本图书馆 CIP 数据核字（2005）第 089630 号

● 俗语智慧

著　　　者/	赵玉林
责任编辑/	蒋泽新
封面设计/	纸衣裳书装
经　　销/	新华书店
开　　本/	710×1000 毫米　1/16　印张 16　字数 300 千字
印　　刷/	北京一鑫印务有限责任公司
版　　次/	2005 年 10 月第 1 版　2019 年 8 月第 2 次印刷
书　　号/	ISBN 978-7-80120-996-2
定　　价/	30.00 元

中国华侨出版社　北京朝阳区静安里 26 号通成达大厦 3 层　邮编 100028
法律顾问：陈鹰律师事务所
编辑部：（010）64443056　　64443979
发行部：（010）64443051　　传真：64439708
网　　址：www.oveaschin.com
e-mail：oveaschin@sina.com

序 言

俗语，也叫俗话。它是一种通俗并广泛流行的定型语句，包括带有方言性的俚语、谚语以及口头上常用的成语等。它具有简练而形象化的特点。大多数俗语是劳动人民创造出来的，反映人民的生活经验和愿望。

中华民族源远流长，有几千年悠久的灿烂辉煌的文化历史，随着社会的发展，先后不断地产生各种文学样式，形成了丰富而深厚的文化底蕴，它们都是极其宝贵的文化遗产。

俗语是通俗的民间文学中的口头文学，它具有鲜活的生命力，它是口耳相传、没有书面记载的民间文学。俗语的产生，有它的社会生活的根源，并且都打上了时代背景的烙印。它的内容和含义，对人物思想感情的表达，是非功过的评说，有的直抒胸臆，有的托物言志，有的形象比喻，从而给人正告与劝诫，在启示中发人深思，使人有所感悟和省察。

本书从广为流传的俗语中，经过认真筛选，收录常见常用的俗语二百余条，对其含义加以诠释和点评。撰写的目的，旨在让读者了解俗语内容和其思想实质，以及产生的作用和影响。

由于本人见识有限、阅历不深，书中纰漏谬误之处，在所难免，敬请读者不吝赐教。

目 录

一、历练修养篇

一个人从幼稚到成熟，从无知到有知，一方面要经过世事的磨炼，另一方面还要在个人的道德修养、意志品质等方面下功夫。从这些俗语中汲取智慧营养，可以让我们的人生少走弯路。

001. 傲不可长，欲不可纵；志不可满，乐不可极 …………（3）
002. 不当家不知柴米贵 ………………………………………（4）
003. 不经一事，不长一智 ……………………………………（6）
004. 不怕少时苦，就怕老来贫 ………………………………（7）
005. 初生牛犊不怕虎 …………………………………………（9）
006. 多年的大道走成河，多年的媳妇熬成婆 ………………（10）
007. 好汉不怕出身低 …………………………………………（11）
008. 看花容易绣花难 …………………………………………（13）
009. 良药苦口利于病，忠言逆耳利于行 ……………………（14）
010. 留得青山在，不怕没柴烧 ………………………………（16）

011. 马怕骑，人怕逼 …………………………………………（18）
012. 没有过不去的火焰山 ……………………………………（19）
013. 千里之行，始于足下 ……………………………………（21）
014. 人不可貌相，海水不可斗量 ……………………………（23）
015. 人非圣贤，孰能无过 ……………………………………（25）
016. 任凭风浪起，稳坐钓鱼船 ………………………………（26）
017. 师傅领进门，修行在各人 ………………………………（27）
018. 书到用时方恨少，事非经过不知难 ……………………（29）
019. 一朝被蛇咬，十年怕井绳 ………………………………（30）
020. 有志不在年高，无志空活百岁 …………………………（31）
021. 只要功夫深，铁杵磨成绣花针 …………………………（32）
022. 败子回头金不换 …………………………………………（34）
023. 不做亏心事，不怕鬼叫门 ………………………………（36）
024. 苍蝇不叮没缝的鸡蛋 ……………………………………（38）
025. 江山易改，本性难移 ……………………………………（40）
026. 君子一言，快马一鞭 ……………………………………（41）
027. 面善不如心善 ……………………………………………（42）
028. 宁叫身受苦，不让脸受热 ………………………………（44）
029. 人贵有自知之明 …………………………………………（45）
030. 身正不怕影子斜 …………………………………………（46）
031. 打铁先得自身硬 …………………………………………（48）
032. 恶不可积，过不可长 ……………………………………（49）
033. 放下屠刀，立地成佛 ……………………………………（50）
034. 脚上的泡是自己走的 ……………………………………（51）

二、功业成败篇

在前人行进的脚步中,有成功者的功成名就、志得意满,有失败者的刻骨铭心、另辟蹊径,在功业成败的切身体验下总结出来的这些俗语,有箴劝、有指导、有解悟、有警告,其中闪现的智慧火花让人们对前面的路看得更清晰。

035. 不入虎穴,焉得虎子 …………………………（55）
036. 车到山前必有路 ………………………………（56）
037. 靠山吃山,靠水吃水 …………………………（57）
038. 男怕入错行,女怕嫁错郎 ……………………（58）
039. 捧着金碗要饭吃 ………………………………（60）
040. 千军易得,一将难求 …………………………（61）
041. 人不得外财不富,马不吃夜草不肥 …………（63）
042. 人往高处走,水往低处流 ……………………（64）
043. 人心齐,泰山移 ………………………………（66）
044. 舍不出孩子套不住狼 …………………………（67）
045. 失败是成功之母 ………………………………（68）
046. 十年树木,百年树人 …………………………（69）
047. 世上无难事,只怕心不专 ……………………（70）
048. 台上十分钟,台下十年功 ……………………（72）
049. 万事俱备,只欠东风 …………………………（73）
050. 一个好汉三个帮,一个篱笆三个桩 …………（74）
051. 英雄难过美人关 ………………………………（76）
052. 家趁万贯,不如薄技在身 ……………………（77）

三、家庭生活篇

家庭虽小，撑起一个家却并不容易；家里人虽少，是非得失却永远计较不完。经营好一个家庭，需要的是最高的品质、最大的气量和最高明的智慧。唯其如此，前人有关家庭生活的心得也就格外多，也格外精要。

053. 白眼狼，娶了媳妇忘了娘 …………………………（81）
054. 不养儿不知父母恩 ………………………………（82）
055. 不愿金玉贵，但愿子孙贤 ………………………（84）
056. 秤杆离不开秤砣，老头离不开老婆 ……………（86）
057. 吃不穷，穿不穷，算计不到就受穷 ……………（87）
058. 痴心女子负心汉 …………………………………（89）
059. 儿不嫌母丑，狗不嫌家贫 ………………………（91）
060. 儿大不由爷，女大不由娘 ………………………（92）
061. 棍棒出孝子，恩养无义儿 ………………………（94）
062. 几亩地，一头牛，孩子老婆热炕头 ……………（96）
063. 家有贤妻，男人不做横事 ………………………（97）
064. 嫁出去的女，泼出去的水 ………………………（98）
065. 嫁汉，嫁汉，穿衣吃饭 …………………………（100）
066. 捆绑不是夫妻 ……………………………………（101）
067. 清官难断家务事 …………………………………（102）
068. 兄弟同心，黄土变成金 …………………………（104）
069. 丑妻近地家中宝 …………………………………（105）

070. 出门一把锁，进门一盏灯 …………………………（106）

071. 儿行千里母担忧，母行千里儿不愁 ………………（107）

072. 寡妇门前是非多 ……………………………………（109）

073. 孩子三天不打，就会上房揭瓦 ……………………（110）

四、人际交往篇

人际关系是一面镜子，可以照出一个人的方方面面。对于人际关系的处理方式，决定着身边形成一个什么样的人际环境。但是人际关系又是一个十分复杂的问题，需要高度的技巧和涵养才能处理好。

074. 打人别打脸，揭人别揭短 …………………………（115）

075. 得罪一个君子，不得罪一个小人 …………………（117）

076. 各人自扫门前雪，休管他人瓦上霜 ………………（118）

077. 己所不欲，勿施于人 ………………………………（120）

078. 害人之心不可有，防人之心不可无 ………………（121）

079. 穷居闹市无人问，富在深山有远亲 ………………（123）

080. 交人交心，浇树浇根 ………………………………（124）

081. 君子之交淡如水，小人之交甜如蜜 ………………（125）

082. 立志莫交无益友，得时勿忘有恩人 ………………（127）

083. 路遥知马力，日久见人心 …………………………（128）

084. 面带三分笑，背后刀出鞘 …………………………（129）

085. 拿人家的手短，吃人家的嘴短 ……………………（131）

086. 你走你的阳关道，我过我的独木桥 ………………（133）

087. 贫贱之交不能忘，糟糠之妻不下堂 ………………（134）

088. 千里送鹅毛，礼轻情意重 …………………………（135）

089. 亲戚远来香，邻居高打墙 …………………………………（137）
090. 情人眼里出西施 ………………………………………………（138）
091. 人怕见面，树怕扒皮 …………………………………………（139）
092. 无事不登三宝殿 ………………………………………………（140）
093. 与其锦上添花，不如雪中送炭 ………………………………（141）
094. 知人知面不知心 ………………………………………………（142）

五、社会经验篇

俗话说，人在江湖飘，谁能不挨刀。社会经验的积累，也就是飘在江湖的过程，就是从多挨刀到少挨刀的过程。社会经验方面的俗语因为多是"挨刀"的教训和躲过"挨刀"的经验的总结，也就显得格外犀利，能够给我们的思维以震动和激荡。

095. 百闻不如一见 …………………………………………………（147）
096. 伴君如伴虎 ……………………………………………………（148）
097. 不怕不识货，就怕货比货 ……………………………………（150）
098. 不怕没好事，就怕没好人 ……………………………………（151）
099. 朝中有人好做官 ………………………………………………（152）
100. 创业容易守业难 ………………………………………………（153）
101. 狗嘴里吐不出象牙 ……………………………………………（155）
102. 瓜田不纳履，李下不正冠 ……………………………………（157）
103. 光棍不吃眼前亏 ………………………………………………（158）
104. 好事不出门，坏事传千里 ……………………………………（159）
105. 好铁不打钉，好男不当兵 ……………………………………（161）
106. 家有二斗粮，不当孩子王 ……………………………………（162）

107. 节好过，年好过，日子难过 …………………………（164）

108. 近朱者赤，近墨者黑 ………………………………（165）

109. 救起落水狗，反被咬一口 …………………………（166）

110. 老不看《三国》，少不看《水浒》 …………………（167）

111. 名师手下出高徒 ……………………………………（169）

112. 强拧的瓜不甜 ………………………………………（170）

113. 人老奸，马老滑 ……………………………………（171）

114. 三百六十行，行行出状元 …………………………（172）

115. 生姜还是老的辣 ……………………………………（173）

116. 盛世古董，乱世黄金 ………………………………（174）

117. 天外有天，人外有人 ………………………………（175）

118. 养儿防老，积谷防饥 ………………………………（177）

119. 有理走遍天下，无理寸步难行 ……………………（178）

120. 冤仇宜解不宜结 ……………………………………（180）

121. 嘴上无毛，说话不牢 ………………………………（181）

122. 当断不断，必受其乱 ………………………………（182）

123. 法网恢恢，疏而不漏 ………………………………（184）

六、做事镜鉴篇

谁都想把事情做好，但因为每个人做事的指导思想不一样，方式方法不一样，其结果往往大相径庭。这方面的俗语有对反面的形象刻画，有对歪招诡计的辛辣嘲讽，有对成事途径的正确引导，实在是一面教人对照如何做事、如何做对事的宝镜。

124. 搬起石头砸了自己的脚 ……………………………（187）

125. 不到黄河心不死 ………………………………（188）
126. 不见棺材不掉泪 ………………………………（189）
127. 常在河边走，哪能不湿鞋 ……………………（191）
128. 打肿脸充胖子 …………………………………（192）
129. 打死犟嘴的，淹死会水的 ……………………（194）
130. 当官不为民做主，不如回家种红薯 …………（195）
131. 挂羊头卖狗肉 …………………………………（197）
132. 好汉做事好汉当 ………………………………（198）
133. 好了伤疤忘了疼 ………………………………（199）
134. 快刀斩乱麻 ……………………………………（200）
135. 口服不如心服，降服不如敬服 ………………（201）
136. 量小非君子，无度不丈夫 ……………………（203）
137. 临阵磨枪，不快也光 …………………………（204）
138. 马到悬崖收缰晚，船到江心补漏迟 …………（205）
139. 天下兴亡，匹夫有责 …………………………（207）
140. 巧妇难为无米之炊 ……………………………（209）
141. 人无远虑，必有近忧 …………………………（210）
142. 三个臭皮匠，凑成一个诸葛亮 ………………（212）
143. 杀鸡给猴看 ……………………………………（213）
144. 善有善报，恶有恶报 …………………………（214）
145. 上梁不正下梁歪 ………………………………（216）
146. 舌头底下压死人 ………………………………（217）
147. 世上没有能治后悔的药 ………………………（219）
148. 贪小便宜吃大亏 ………………………………（220）
149. 若要人不知，除非己莫为 ……………………（222）
150. 一心不可二用 …………………………………（223）
151. 疑心生暗鬼 ……………………………………（224）
152. 远水解不了近渴 ………………………………（225）

153. 照葫芦画瓢 …………………………………（227）

154. 争之不足，让之有余 ……………………（228）

155. 隔着锅台上不了炕 ………………………（230）

156. 喝凉酒，吃赃钱，早晚是病 ……………（231）

157. 螳螂捕蝉，黄雀在后 ……………………（233）

158. 鹬蚌相争，渔翁得利 ……………………（235）

159. 用人不疑，疑人不用 ……………………（236）

160. 没有规矩，不成方圆 ……………………（238）

161. 多行不义必自毙 …………………………（239）

历练修养篇

　　一个人从幼稚到成熟，从无知到有知，一方面要经过世事的磨炼，另一方面还要在个人的道德修养、意志品质等方面下功夫。从这些俗语中汲取智慧营养，可以让我们的人生少走弯路。

001. 傲不可长，欲不可纵；志不可满，乐不可极

因为滋长骄傲思想，就会刚愎自用，目空一切而脱离群众；放纵私欲，就会忘乎所以，任意胡为而不可救药；满足志向，就会固步自封，不求进取而消磨斗志；过分享乐，就会乐而忘忧，困于所溺而招致灾祸。这句俗语给出人们在生活与工作中四个方面的劝诫，它像一座长鸣的警钟，时时地在耳边敲响。

这句俗语是一句发人深思的警世之言。古人的寓言中对这种现象多有描述。庄子的《秋水》篇中写出"河伯欣然自喜，以天下之美为尽在己"。但"至于北海，东面而视，不见水端"，才改变了骄傲的样子而望洋兴叹；列子《说符》中的"齐人攫金"，写出一个齐国人在街市上，进至卖黄金的商店，抓了金子就走，当场被差役捉住，审问时，他却说：我一心只想金子，抓取金子的时候，两眼只看到金子，根本没看到人啊；另外在《汤问》中的"薛谭学讴"，写出薛谭向当时著名歌唱家秦青学唱歌，还没等学成就认为自己已经学完秦青的全部技艺，并请辞行回家。在为他饯行时，秦青高歌一曲，声震林木、响遏行云。这时薛谭才知道相差过于悬殊，恳请继续学习。此后，他一辈子再不敢提回家的事了；《韩非子》中的"纣为象箸"，写出商纣王以酒为池，悬肉为林，为长夜之饮，耽于淫乐之中，结果是国亡身死为天下笑。

日中则昃，月盈则食，物壮则老。人们应该学会保持谦虚谨慎，得意了也不要忘形。

俗语智慧

这句定型化的俗语，确是一句名训。如果能戒之勿忘，人们一定能在自己的人生路上减少困惑，即使不能建功立业，也能活得坦然、踏实和平安。

002. 不当家不知柴米贵

柴米，在这里代指必不可少、又因其琐屑易被人忽略的开销。这句俗语指作为一个旁观者而不是身介其中，往往不能理解"过日子"的艰难。

常言说:"家有千口,主事一人。""主事"就是主持或管理家事,也就是俗语中的"当家"之人。从古至今,不管豪门巨贾,还是小家小户,在家庭生活中,总需要有一个人去安排与处理家庭内部的日常生活事务。这项工作看起来似乎简单而无足轻重,但实际上却很繁杂琐碎:养老育小、男婚女嫁、生老病死、衣食住行等各个方面,当家人都要想到、做到。这样才能使一个或大或小的家庭无是非、无纷争,才能和睦相处,否则不是破败衰落,就是困窘艰难。

"柴米贵"不是单指米珠薪的一个"贵"字,还有它的丰富内涵与外延:主持家政和操持家务不仅要劳心劳力,还得在管理与安排之中,体味酸甜苦辣、艰辛困苦,只有他知道如何运用收入来应付支出,事无巨细都要经过他认真设想与考虑,哪里会像"少不更事"的年轻人"饭来张口,衣来伸手"那样轻松自如。

北宋文学家司马光写过《训俭示康》的文章,南宋理学家朱熹也写过朱氏的《治家格言》,这些文字都告诉我们俭以养德的道理。所以不管当不当家,都应该知道"柴米贵",千万不能大手大脚,花钱无度。

一、历练修养篇

5

俗语智慧

今天,随着社会的发展,消费观念和消费水平也有不同的变化。但归纳起来,在家庭的日常生活之中,能够勤俭持家,量入为出并稍有节余以备不时之需,这是有利而无弊的。如果一旦自己大手大脚,用之无度,不知有害而无益,到头来只能是自讨苦吃的事情。所以"不当家不知柴米贵"这句俗语,对人们的日常生活仍然有一定的教益作用。

003. 不经一事,不长一智

不亲身经历事情的磨炼,便不会增长为人处世的智慧。这句俗语说明了人的智慧不是天生的,而是从生活中、从实践中甚至从失败中而来。

孔子曾说过:"人非生而知之,为学而知之。"人生下来时无知无识,等到一天天地长大,在不断地接触客观的事物中,才能对客观的世界逐渐地认识与了解。

虽然说书本上的知识也来源于实践,能学以致用。但它却是经由前人或别人的实践而总结出来的道理,如果单靠书本知识而没有亲身的生活实践经历,弄不好就会成为一个书虫,一个书呆子。所以,古人主张："读万卷书，行万里路。"这"行万里路"的含义："行"有"通过"的意思。"万里路"是比喻亲身实践与体验客观事物的经历，这样才能见多识广，事理通达，才能使自己逐渐地成熟起来。因此，在民众之间总结出这句"不经一事，不长一智"的俗语。

一个人要多经历、多见识一些事理人情，才能够真正的成熟。常言说"吃一堑，长一智"，很多时候失败也是一种收获，因为你可以从中吸取教训，最起码以后就不会再犯类似的错误。因此，一个人在生活实践中，绝不能闭塞视听，孤陋寡闻，否则只能变得愚拙，甚至是幼稚可笑。

俗语智慧

一个人的阅历深浅很重要，也很关键。因为这里面有经验也有教训，所以这句"不经一事，不长一智"表示因果关系的俗语，对人是一种鞭策和激励。它的积极意义也在于此。

004. 不怕少时苦，就怕老来贫

小的时候多吃点苦没什么可怕的，怕的是到年岁已老的时候，既无所能又无所蓄，只能在贫穷中忍受煎熬。

人在少年时，经受些艰难困苦并不可怕。古往今来许许多多的事实证明：生于忧患并不可怕，只要能不安于现状，努力奋进就能改变自己的命运。何况少年只是处在人生路的起始，身在穷困之中，尝尽酸咸苦辣，则更能磨砺人的意志，催人奋进，即使不能出人头地，开创宏图大业，至少也能通过自己的勤劳双手，求得一个衣食温饱、安安生生的日子。古往今来，有多少豪杰人士出自贫困的家庭，吃尽生活中的苦难。寒门生贵子，白屋出公卿；穷且益坚，不坠青云之志。贝利之子出身于球王之家，而贝利却认为儿子一定不如老子，是因为他的儿子一出生就拥有了别人在苦难中苦苦挣扎，历经万险才得到的东西，缺乏先天竞争意识。看来少年时吃点苦倒是一件好事，因为苦难是一所大学，你只有从这里毕了业，才能更好地走你的人生路。

"就怕老来贫"在这句俗语中是说明的侧重点。"怕"字表示它的"担心"、"畏惧"的含义。因为人到老年无能无为，只能依赖子女的赡养和眷顾，或一定的生活积蓄度过风烛残年，如果这两者都无可依靠，那他的生活境况可想而知非常可怕了。

所以人们宁愿在少年时多吃点苦，通过不懈努力为自己赚取财富，也不愿年轻时浑浑噩噩地虚度光阴，活了一辈子却一无所有，等到年老时受穷。

俗语智慧

这句俗语的意义在于给我们这样一个警示：只有年少时多吃点苦，才不致老来无用时有冻馁之虞。

005. 初生牛犊不怕虎

出生不久的小牛（因不知道老虎的厉害）不惧怕老虎的威力。喻指没见过世面不知深浅，也用来指年轻人敢想敢干有闯劲儿。

如果不了解一种事物的厉害，面对它时也就不会有任何恐惧感，因而往往会表现出一种天不怕地不怕的样子。

一只头顶上刚刚露出一对尖细的角，体形还没有长得高大健壮的小牛，在几头大牛中间跑来跳去地在草地上啃食青草，显得无拘无束，自由自在，忽然从灌木丛中跳出一只老虎扑向牛群，这时几头大牛惊吓得四处逃窜，唯有这头小牛却无畏地站着不动，直愣愣地看着它从未见过的野兽，当老虎扑向它的时候，它不但没有退缩，反而把头上的两只尖角对着老虎撞去，做出势不两立的样子，同老虎争斗起来。对于这个意外发现，人们把它概括成一句"初生牛犊不怕虎"的俗语。

此后，人们在社会实践中，就把青年人敢想敢干的精神用"初生牛犊不怕虎"来比喻。但这句俗语是褒是贬，还要视情况而定。

一方面它比喻青年人朝气蓬勃，少保守观念而多创新意识；不怕困难而勇于开拓，甚至有几分敢于冒险的拼搏精神，敢于走前人未走过的路而有所发现。

例如：在《列子》寓言中有一则"鲍氏之子"。内容是：一天齐国贵族田氏大宴宾客，并在宴席上说："老天爷对于人类太好了。繁殖谷物、生育鱼鸟来供人们享用。"食客们都随声附和主人的说法。这时席

一、历练修养篇

上有一个年仅十二岁的鲍氏之子,他听过之后,却在主人与宾客面前讲出"生存竞争"的道理,反驳了天帝造物的观念,表现了他那"初生牛犊不怕虎"的精神。

另一方面它比喻青年人单纯幼稚,有时对人对事表现出自负,自以为是,甚至自不量力,以致出现差错或失败。

例如:在《墨子》一书中记录了墨子批评告子的一句话:"不能治身,焉能治国。"原因是青年的告子有一次很自负地对墨子说:"我能治国。"墨子听过之后批评他说:"关于国家政事,嘴上说的,一定要亲自实行。你现在只在嘴上说而不亲身实行,你不能严格要求自己,又怎么能治理国家,处理政事呢?"

俗语智慧

这句俗语除了解释它的喻义,还要正确地把握它的褒贬,用起来要恰如其分,以免比喻失当。

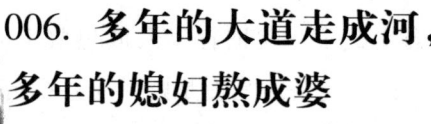

006. 多年的大道走成河,多年的媳妇熬成婆

大道成河是多年才走出来的;媳妇成婆也是多年才熬出来的。喻指要取得一定的成就,必须以耐心经过时间的磨炼。句中"多年"指出时间的漫长,"走"字表示出经历了巨大的变化,尤其是"熬"字,形象地表达出经受的艰辛和苦涩。

旧时女子出嫁以后，做了人家的媳妇，在封建礼教思想的束缚下，首先是严守妇道，要有三从四德的品格，要有温良恭俭让的言行表现。要孝敬并奉养好公婆长辈，侍候好丈夫的饮食起居，照顾与抚育好自己的子女成长，在兄弟姊妹之间，更要处理好融洽和睦的关系，其实说穿了就是在漫长的做媳妇的岁月里，一切都得委曲求全，逆来顺受，一切都要忍。等熬到年老力衰之时，也许才有幸当上了婆婆，过一个回忆辛酸的晚年。

句中的一个"多年"一个"熬"字，写出了做媳妇的不易。这句俗语，字面上看似乎平平常常，但实质上却反映了旧社会的妇女，在社会生活最底层的挣扎和无奈。这样循环往复了几千年，直到历史翻开了改天换地的一页。现在这句俗语多用来喻指在做事时，一定要有耐心、恒心，不能急于求成。

俗语智慧

这句俗语如今更多地被引申来用，即经过多年耐心的等待，终于达成了目标，实现了自己的愿望，表达了一种终于从底层脱颖而出后的释然的心情。

007. 好汉不怕出身低

有真本事，有大志向的"好汉"不必在乎出身的低微。

旧社会按人的出身，将人分出高贵和微贱、劳心与劳力的差别，就连生活居住的地方，也因有无权势，地位以及贫富不同，被划分出闾右和闾左，两者不能混杂。封建统治者非常看重等级划分，因此这种不平等的社会现象也就延续了几千年。

然而英雄出草莽，很多英杰才俊都是出身于寒门。因此老百姓就总结出"好汉不怕出身低"，这句充满豪情壮志，激励向上的俗语。

例如：生于闾左，出身雇工，征调戍边役卒的陈胜，在秦末农民起义斗争中，他率先揭竿为旗，斩木为兵，反抗暴秦统治，建立了不世之功。又如：中唐时期的大将郭子仪，出身行伍，因屡立战功从一名士兵逐步升迁为军事统帅，平定了"安史之乱"，使唐朝统治得以巩固，成为中兴的名臣。又如：三国时期，蜀汉丞相诸葛亮，在《出师表》中自述："臣本布衣，躬耕于南阳……"他一生辅佐刘备鞠躬尽瘁，形成天下三分：魏、蜀、吴鼎足而立。

以上列举的人物和他们的事迹，足以说明一个人的命运和前途，并不取决于出身的高低，而是要看他自己是否够努力。所以这句俗语的意义：指出勇敢坚强的男子，不要担心或疑虑出身地位的低微，应凭借自己的聪明才智有所作为。

俗语智慧

古人说："人贵有志"，换句话说人不患不立而患无志。今天人的出身如何，对人的进取和发展，所谓的借助或阻碍已不复存在，只是要看个人是否志存高远，是否能奋发图强。

总之，希望寓于奋斗之中。

008. 看花容易绣花难

艳明的花朵看起来赏心悦目,但要刺绣成图则需费尽一针一线的功夫,自然难上加难,这句俗语喻指有些事情作为旁观者看起来似乎很容易,实际亲手做起来则十分困难。

旧时,称为女红之一的刺绣,是女子出嫁前在闺阁之中必须学会学好的一项技能。刺绣其实非常繁琐,虽然有各种现成的图样,但在临摹之时,其间有各种颜色丝线的搭配,结构格局大小的安排,在牵针引线的过程中,更要随时随地地斟酌揣度。不知会有多少次的反复,才能绣出美丽的图案来。这句俗语其实是告诉我们:任何事情都是看起来容易做起来难,所以要想办好一件事,就要认认真真脚踏实地地去做。

俗语智慧

在日常生活中,有人对待一些事物往往犯"眼高手低"的毛病,做什么事情起初只觉得轻而易举,或者能一蹴而就,事实却是看上去容易实际做起来千难万难,甚至只有失败等在前面。因此应该从这句俗语中,深刻体会那个"难"字,从而脚踏实地,打消侥幸与幻想,才能功到自然成。

一、历练修养篇

009. 良药苦口利于病，忠言逆耳利于行

大凡好药多口味极苦但对治病很有益处；越是忠心的话听起来越觉刺耳但对你的实际行动却很有帮助。

旧时人们都使用中药来治疗疾病，因为是从含有药用价值的动植物中提取或采集而来，大多数药材的味道辛辣苦涩，尤其是煎服的汤剂，更是苦涩难咽。但是只要对症下药，就会治好疾痛，甚至是药到病除。所以才有"良药苦口利于病"这句俗语的产生。

"忠言"是忠诚正直的劝告,有如良药,但听来常常"逆耳"也如苦口。因为这劝告必然与被劝告的人原有的想法不同,它不是顺情说好话,而是逆耳的劝告。有时忠言比起良药更让人难以接受,但若想成就大事,没有接纳忠言的雅量是不行的。

唐太宗是历史上一位比较开明的君主,他最大的特点就是善于纳谏,因此当时有不少著名的"谏臣",除了我们熟知的魏征外,房玄龄做的也不错。

一次,唐太宗忽然问周围的大臣说:"自古以来,开国皇帝,把皇位传给了子孙,多出败乱的原因何在呢?"房玄龄直言不讳地说:"那都是因为皇上宠爱子孙,而子孙生长深宫,自幼享惯富贵,不识人间情伪,不懂国家安危,不能磨炼才干的缘故。"

唐太宗虽为明君,但也有过不少荒唐之举,如对高丽发动战争,不仅给高丽人民带来了灾难,也给本国人民带来沉重的负担。贞观二十二年,唐太宗又要侵伐高丽,当时房玄龄已重病卧床,听到这一消息后,立即上书太宗,并对儿子们说:"当今天下安宁,各得其所,唯有东征高丽,必会成为国家的大患。我虽不久人世,但知而不言,也会衔恨入土,死不瞑目。"太宗览表以后,十分感动地说:"此人危笃至此,尚能忧我国家,实在是难得啊!"

正是因为唐太宗能够接纳这些逆耳之言,所以才有了"贞观之治"的盛世局面。

俗语智慧

有病不能不吃能治病的苦口良药;欲成其事,不能不认真听取与采纳有利于行动的逆耳忠言,这是千百年来,在无数的经验教训中总结出的箴言。

一、历练修养篇

010. 留得青山在,不怕没柴烧

山有绿色表明生长的树木郁郁葱葱,非常繁茂,青山长在,林木的枝枝桠桠就成为古时候用作烧柴的燃料,是取之不尽,用之不竭的来源。它的言外之意是在劝勉与激励人们不要被一时之间、一事之中所遭受的痛苦或灾难压倒,而能在困厄面前暂退一步,寄希望于未来,战胜挫折或失败,谋求东山再起。

当无法抵挡的灾难降临时,我们要相信只要人还在,未来就还有希望,现在失去的一切,将来就还可能再得回来,相反,如果死抗到底,那就会把整座"青山"都葬送掉,也就断送了自己东山再起的机会。

公元前686年,公孙无知勾结大夫反叛,杀死齐襄公,自立为君。一个月后,公孙无知被大臣设计刺死。国不可一日无主。于是,齐国的大臣们派人去迎接流亡在鲁国的公子纠回国继位,鲁庄公亲自率兵护送,效忠公子纠的管仲预计到流亡在莒国的公子小白也可能回齐国争位,为了阻止公子小白先回到齐国继位,管仲亲自率30乘兵车去拦截公子小白。在过即墨30余里的地方,管仲所带的一队人马与公子小白相遇,争斗中,管仲弯弓搭箭,向公子小白射去,只见小白大叫一声,吐出鲜血,扑倒在兵车上。此时,管仲才掉转马头,带着一行人悠哉悠哉地护送公子纠回齐国即位。殊不知,当他们到达齐国地界时,公子小白已抢先一步即了王位,成了齐国国君齐桓公。管仲和公子纠大为惊惑。原来,管仲的那一箭并没有射中小白,而是射到小白的带钩上,小

白趁势咬破舌尖,喷血倒下装死,蒙骗了管仲。然后,公子小白抄近道急奔回国,经谋士鲍叔牙说服了齐国众大臣,登上了王位。

当我们面临危险时不妨退一步,这样做虽然不及临危不惧来的壮烈辉煌,但是留得青山在,日后才能东山再起。

俗语智慧

这句俗语,小而言之,可以比喻个人的失败与成功艰辛的历程;大而言之,可以比喻正义与非正义斗争的最终结果,它能给人以自信与鼓舞。同时,也是一种与对手周旋斗争的策略和智慧。

011. 马怕骑，人怕逼

马怕被调教，人怕被逼迫。马在被调教，人在被逼迫的情况下才会激发出潜力。

这句极为通俗直白的民间俗语，求其来源，是从元曲无名氏的《渔樵记·楔子》中的"马不打不奔，人不激不发"这句话，逐渐演化而来。这句俗语中，前句对后句起着烘托与深化的作用。"骑"字含有马为人调教和鞭策；"逼"字可从本义的"迫"，引申理解为受到客观事物的刺激而使其激发。

我国历史上春秋时期著名军事家孙武，在他的经典著作《孙子兵法》中，有"投之亡地然后存，陷于死地然后生"的话，也就是说，人陷入危急的境地时，反而会激发出一股超乎寻常的勇气和力量，最终转危为安。

例如：楚霸王项羽起事反秦，有一次为了彻底打败秦将王离、苏角率领的秦军，他引兵渡河之后，破釜沉舟，自己断了归路。发给士卒仅够三天用的粮食，以此激励他的将士杀敌的勇气，结果是大获全胜。

战国时期纵横家苏秦，早年虽勤奋读书却怀才不遇，连家里的父亲、兄嫂、妻子都对他冷嘲热讽；投奔好友张仪，张仪让他在大开门窗的"冰雪堂"上，吃冷酒，冷馒头，喝冷汤，故意轻慢苏秦，使苏秦一怒而去。张仪又暗中让仆人陈用，以陈用的名义资助苏秦去赵国游说求官。最后苏秦终于腰悬六国相印衣锦还乡。

每个人都有潜力，生活安逸时人们察觉不到它，但是被"逼"时却可以激发出来，做成平时看来几乎是"不可能"完成的事。

俗语智慧

这句俗语，从字面上看是在强调外因的作用，但究其实质还是人的内因在起着决定性的作用。如果一个人本身无志无为，即使外因作用再大（正面的、反面的），也不会产生巨大的促进效果，使其能有用武之地。

012. 没有过不去的火焰山

即便像《西游记》中火焰山那么艰难险阻，也没有不可跨越的道理。

明代著名小说家吴承恩编著的章回体神怪小说《西游记》中，第六十回"唐三藏路阻火焰山，孙行者三借芭蕉扇"，讲述唐僧师徒四人在取经途中，要经过八百里的火焰山。几经周折，孙悟空在诸神佛的协助下，借来铁扇公主的芭蕉扇，一扇熄火，二扇生风，三扇下雨，最后顺利地过了火焰山。此后，当人们在生活或工作中遇到了难以逾越的阻碍或难以克服的困难时，人们就用"没有过不去的火焰山"这句俗语，来鞭策自己或激励他人，使人能有决心和勇气去战胜困难。

在古代神话和寓言中，有《女娲补天》、《精卫填海》、《愚公移山》等故事，它们虽然是神话传说，但实际上是在表现人们的希望，表现人们能战胜困难的伟大意志和力量。

困难是客观存在，但面对困难我们却可以选择做一个弱者还是一个强者。弱者：主观上总希望一切都称心如意或一帆风顺，一旦遇上困难则畏缩不前，只求苟安；强者：有坚定的信心和决心，迎着困难，不屈不挠，不获成功决不罢休。两者对待困难的态度不同，所得到的结果自然也就不一样。弱者永远也战胜不了困难，强者却没有战胜不了的困难。

俗语智慧

清代作家彭端淑写的《为学》，开篇提出：天下事有难易乎？为之，则难者亦易矣；不为，则易者亦难矣。这句话一语破的，说明事在人为的道理。所以人们应在无论怎样的困难面前，都要具有勇于向前，开拓进取的气概，把困难踏在自己的脚下。

013. 千里之行,始于足下

古代著名思想家老子,在他撰述的《老子》一书中,指出:"合抱之木,生于毫末;九层之台,起于累土;千里之行,始于足下。"作者以三种事物为例,都在说明一个道理,任何事物都有个起始,最后才能有个终结,整个过程必须先从基础开始,中间还有个日积月累的过程,最后才能获得成功或达到目的。

古人说:"读万卷书,行万里路。"万卷书是要一卷一卷地读下去,万里路是要一里一里地走下去,经过日积月累,最后才能达成目标。

不能只在理论上空谈，而是要把它付诸实际行动。

例如：清代文学家彭端淑在《为学》中写了这样一个故事：在四川边境有两个和尚，一个贫穷，一个有钱，两个和尚都准备去南海朝圣礼佛，富和尚对穷和尚说："我几年来一直打算雇条船顺江而下去南海，还未能实现，你依靠什么去呢?!"一年之后穷和尚已经从南海朝圣归来，可是有钱的和尚仍没有做好出行的准备。穷和尚告诉有钱的和尚，经过一年的长途跋涉，我只凭手中一个喝水的瓶子和一个装斋饭的钵盂，就完成了我的心愿。有钱的和尚听过之后羞愧得无言以对。穷和尚笃志力行，而有钱的和尚只停留在口头上，所以结果是截然不同的。

古时候有些读书人学识渊博、才华出众。这并非一朝一夕之功，据说要寒毡坐破、铁砚磨穿，才能学成才。因此"千里之行，始于足下"这句俗语的重要意义在于一个人立志立事，必须大处着眼，小处着手，也就是要从眼前做起，然后再一点一滴地积累，既不能好高骛远，更不能夸夸其谈，只有脚踏实地地奋斗才能实现梦想。

俗语智慧

这句俗语的现实意义仍很强烈。因为在我们周围有太多主观不努力，又梦想"一日到罗马"的人存在。

014. 人不可貌相，海水不可斗量

正像海水不能用斗去度量一样，一个人修养的深浅，成就的高低也不能单以相貌来判断。

大海浩瀚无垠，如果用斗来量的话，永远也量不完。

人的外貌生来就各不相同，有人高大魁梧、有人瘦弱矮小，有人英俊、有人丑陋，也有人平庸无奇。所以，对一个人的看法或评价，不应该受到其相貌或身材的影响。

　　历史上有个"晏子使楚"的故事。晏婴奉命出使楚国。楚人知道晏婴个子矮小，想羞辱他一下，就在大门旁边另外建了一个小门，在小门口迎接晏婴。晏婴见到这种情形，坚决不从小门进城，他说："只有出使狗国的人才会从狗门进。我如今出使的是楚国，不应该从这类似狗门的小门里进去。"前来迎接的人知道晏婴不好对付，就让晏婴从大门进。晏婴见到楚王，楚王见晏婴个子低，不高兴地说："齐国难道没有人了吗？"言外之意是齐国为何派了你这样一个人。晏婴从容地回答说："齐国的都城临淄有三百闾（里巷的门。二十五户为一闾），这么多的人，张袂成阴，挥汗成雨，比肩继踵，怎么说齐国无人呢？"楚王又问："既然这样，为何派你来呢？"晏婴回答说："齐国派遣使者是有分别的，贤德的人出使贤德的国家，不贤的人就派去见不贤的国王。我是最不贤德的，所以就派来楚国了。"结果楚王不得不承认"对于圣人是不能轻视的，我想羞辱晏子，结果反而自讨没趣。"

　　以貌取人的人常被人称为"势利眼"，不过"势利眼"也常常会"看错眼"，因为人本来就是不可貌相的。

俗语智慧

　　人固然有好坏贤愚之分，但绝不能单从表面形象加以品评，甚至随意地断其可否。

015. 人非圣贤，孰能无过

一般人不是圣人和贤人，谁能永远没有过失？言外之意表示对犯有过失的人要谅解或宽容，给他改正错误的机会。这样做能使认识错误的人受到教育，引导他树立知过必改的勇气和决心。

只有大圣大贤才不会犯错误，一般人难免会有过失，这句俗话主要是强调人难免会犯错误，不能因为一个人犯了错误就把他打倒在地，让他永不能翻身，而是要允许他改正错误。战国时期赵国老将廉颇居功自傲，看不起有大功于国家的文臣蔺相如，总想借机给蔺相如难堪，但蔺相如以国事为重不与之相争，一再宽容忍让。后来在事实面前，廉颇认识到自己的过失，亲自登门负荆请罪。蔺相如大度地原谅了他，两人最后成为了要好的朋友。

古人说："知耻而后勇。"人有过失并不可怕，可怕的是犯了错误不认识、不改正甚至滑到不可救药的地步，那就是咎由自取了。

俗语智慧

实际上这句话可以再续一句：过而不改，是谓过矣。不是圣贤不要紧，犯些小错也无关紧要，重要的是须知错图改。

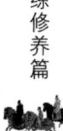

一、历练修养篇

016. 任凭风浪起，稳坐钓鱼船

任凭风吹浪打，仍然稳坐船头安然钓鱼。这句俗语用来形容在重大变故或危险来临之际，能够不慌不忙、从容应对。

人生的大海上，不会永远风平浪静，常常会遇到惊涛骇浪，所以驾驭人生的小舟时，一定要有勇于迎击风浪的从容镇定。

中国历史上因淝水之战而闻名的谢安，有一个很令人叹服的故事。那是在淝水大战决战时刻，谢安不是坐卧不宁，而是若无其事地与人下棋。其间，他侄子谢玄的捷报传到了，谢安看完信，默然无语，徐步走回棋局。直到有人问战局如何，他才平静地答道："小孩子们打了胜仗。"表情和平常一样。这便是一代名相的风范。

"泰山崩于前而色不变，麋鹿兴于左而目不瞬"，这样的人才最有机会走向成功。

胸有成竹才能临危不惧，处变不惊，所以，平时就应该未雨绸缪，这样才能有备无患。常言说："你有千条妙计，我有一定之规。"也是在说明这句俗语所比喻的道理。"风浪起"是客观的情况或形势，"稳坐"则表示已经有了应对的万全之策，否则，在风浪四起之时，这小小钓鱼船绝不能再稳坐下去。

> **俗语智慧**
>
> 这是一种做大事的气度。只要在风浪中沉得住气、稳得住心神，天大的困难也能迎刃而解。

017. 师傅领进门，修行在各人

师傅的作用只是引导入门，而成就高低全在于个人的努力。

"修行"一词，原是佛教用语，宗教信徒出家之后，要诵经礼佛、参禅悟道，师傅帮决心出家的人完成剃度，就算是把徒弟领进门了，后来的修行主要看个人的悟性，也就是说要想大彻大悟，修成正果，就要靠个人的努力。"师傅领进门，修行在个人"这句俗语的引申义是：要想在学识、品行、技艺等方面取得成就，除了师傅的指导外，更重要的是要靠个人的"修行"。

师傅收授徒弟，总是将自己掌握的知识或技术尽可能地传授给他的弟子，尽到为师的责任。然而即使有再高明的名师，徒弟不好好学习也无法成为高徒。生活中我们看到几个人或许多人拜师为徒，他们都在同一个师傅的指导下学习，但每个人的学习成果却不能完全相同，必然出现优劣之分，高低之别。有的人由于能刻苦钻研，在学习过程中不管遇到多少困难，都能不屈不挠，永远不满足于现状，总是精益求精，最后

成绩卓著成为佼佼者，甚至是"青出于蓝而胜于蓝"。与此相反，有的人既不踏实又不勤奋，结果是虚度年华，平庸无奇。

出于同一师门，学习成就却不能相提并论，究其原因，除个人的素质、智力和悟性等自然因素外，关键还在于个人的决心和毅力。常言说，一分耕耘，一分收获；十分耕耘，十分收获，耕耘与收获永远成正比。

俗语智慧

师傅是领路人，但脚下的路还必须自己去走，任何人都不能替代，不能依赖、不能怠惰，不能知难而退，更不能取巧或心存侥幸，一切都要靠自己用心和进取。古人说："非志无以成学，非学无以广才。"仔细体会令人深思，令人警省。

018. 书到用时方恨少，事非经过不知难

到应用的时候才知道书读得少；事情不是亲身经历不能体会其艰难。

常言说，知识就是力量，博学才能多知多能，因此，只要条件允许就应该虚心向学，增长知识才干。如果浅尝辄止，必然孤陋寡闻。比如担任文秘工作，平时不好好研究一些公文写作技巧，不多看书、不勤练笔，等到领导交待下来任务，才开始着急，临时抱佛脚，但结果是力不从心，捉襟见肘，不能圆满地完成任务，这时会真正感到"书到用时方恨少"。

做事也是如此，不能单凭主观设想，单靠一时热情。因为客观事物往往是复杂而烦琐，有时还会出现反复曲折，同时做事时你还要考虑到问题存在的时间长短、当事人的态度，怎样的举措易于为人接受等诸多方面的问题。所以做一件事绝对没有想象中那么容易。例如，调解两个企业之间的劳务纠纷，双方各执一词，一时之间难以达成共识。不要以为调节这样一场纠纷只要按法规办理就可以了，因为这样的纠纷往往很复杂。比如说可能两个企业都各有对错或纠纷特别复杂，涉及到很多方面等等。所以调解者不仅需要深入调查研究双方的实际情况，占有第一手的材料，还要认真对待双方各自的正当权益，在此基础上再去解决矛盾，最后双方才能达成谅解。

> **俗语智慧**
>
> 在实际生活与工作中，多学习、多磨炼才能在学以致用时少"恨"或无"恨"；才能在做事时少"难"或无"难"。

019. 一朝被蛇咬，十年怕井绳

一次被蛇咬，过了十年之后见到样子像蛇的井绳仍感害怕。

蛇与井绳，两者原本是风马牛不相及的事物，但这句俗语却把它们联系到一起，原由是有人偶然一次被蛇咬伤之后，对蛇产生了恐惧心理，每当看到井台上用来汲水的绳子，都把这井绳当做是一条作在蠕动爬行，每每受到惊吓。

蛇与井绳只是在两者的形状或颜色方面，有某些相同或类似之处，其他则毫无相干。句中用"一朝"和"十年"来反衬是着重说明一次被蛇咬伤之后，就会产生很长时间的恐惧心理的反应。

人们常用这个俗语来比喻：人们在某件事情上被人欺骗，使自己遭受到损失或危害，自此以后，再遇到类似的情况，仍然担心再次吃亏上当，在心理上留下恐惧的阴影。

现在看来，害怕蛇咬或担心落入别人设下的圈套或陷阱，并不是怯懦，因为蛇咬人会伤人害命不可不防；坏人坏事，侵害切身利益应该加倍小心。但也不能因为被蛇咬了一次就连井绳也害怕起来，因为"井绳"不会害人。所以吃了亏以后首先是能够记取痛苦的教训，引以为戒；其次要作为前车之鉴，提高警惕，提高识别与辨析的能力，不能把"蛇"与"井绳"混为一谈。这样于人于事才有所补益，同时又能消除不应长久存在心理上的恐惧或担心，恢复自己的身心健康。

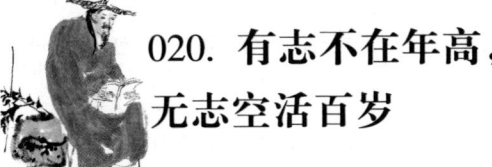

井绳毕竟不是蛇。吸取教训则可，一味怕下去于事无补。

020. 有志不在年高，无志空活百岁

胸有大志的人无论年龄大小总能活得意气风发，没有志向的人长命百岁也只能算空有一张皮囊，而全无生命的意义。

"有志"是指人在自己的生活中，有明确的生活目标，有远大的理想和追求，"无志"则与此恰恰相反。

人的年龄大小并不能决定一个人"有志""无志"。例如：元代的王冕，出身于贫苦人家，从小给人家放牛，但他醉心于花卉的清丽淡雅而立志学画，终于成为一代著名的画家。又如：晋朝的周处，青年时横行乡里，被称为三害之一，但到中年幡然悔悟，才立志为国家建功立

一、历练修养篇

31

业，终于得到好的评价。

古人说："人患志之不立。"一个"患"字突出地阐明立志的重要性。由此可见，俗语中的"空活百岁"，翻译过来就是即使在世上活到一百岁的高龄，没有志向也等于是寄生于世。

人们所立的志向都因为时代不同而被打上时代生活的烙印，但立志的前提，却都是受着人的品格、道德规范的制约，绝不能陷于空想或狂想之中，不能把追求什么样的生活目标都看成是"有志"，更不能把狭隘自私的欲念看成立志。

立志不能流于形式，那样就会成为空谈，而是要付诸于实际行动，不仅要脚踏实地，勤勉向上，并且也要不折不挠，有始有终，这样才能逐步地实现自己的志向，否则只能是"老大徒伤悲"。

> **俗语智慧**
>
> "有志"能在行动中实现，这于人有益，于己则获得生命的寄托与慰藉；相反的"无志空活"，则是一个可怜又十分可悲的生命结论。

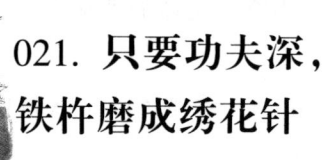

021. 只要功夫深，铁杵磨成绣花针

只要以十足的耐心和毅力下足功夫，铁棒子也能用手工磨成绣花针。

只要有恒心世界上就没有做不到的事、据说少年时代的李白少不更事，不潜心学习耽于游乐。有一天，他走到河边，看见一位老婆婆，坐在那里不声不响地拿一根铁杵，在石头上不停地磨来磨去，李白感到奇怪就问："老婆婆您磨这根铁杵做什么用？"老婆婆慢声细语地告诉他，想把这根铁杵磨成一根绣花针来用。李白惊异地问："为什么要用这根铁杵磨成绣花针，那需要花费多长的时间啊？"老婆婆并没有抬头，仍然用很和缓的声音回答说："不管要用多么长的时间，只要功夫到了，就自然能把它磨成绣花针了。"这件事给李白很大触动，他领悟了这样一个道理：无论做什么事，只要有恒心并且下定决心，就能把事情办好。他从那以后，发奋苦读，终于成为我国唐代著名的浪漫主义诗人。

　　这个传说是否真实存在已无须去加以考证，但是老婆婆说的话确是千真万确的道理。做事或者学习想取得成就，就应该有这种"铁杵磨成绣花针"的坚韧不拔的精神和持之以恒的信念。"水滴石穿，绳锯木断"，这个道理我们每个人都懂得，然而为什么对石头来说微不足道的水能把石头滴穿？柔软的绳子能把木头锯断？这都是坚持的力量。一滴水的力量是微不足道的，然而许多滴的水坚持不断地冲击石头，就能形成巨大的力量，最终把石头冲穿，同样道理，绳子才能把木锯断。

俗语智慧

　　有人事业有成，有人一事无成，这种有与无的结果，这句俗语就是它们的分界线。

一、历练修养篇

# 022. 败子回头金不换

此句也作"浪子回头金不换"。"败子"也称作"败家子",它与"浪子"的含义基本相同,都表示那种不务正业,游手好闲,挥霍家产的子弟或青年人。这样的人如能悬崖勒马,重新做人,自然十分难得,不是以多少金钱能衡量的。

一些年轻人不谙世事,不务正业,讲究吃喝玩乐,甚至沾染上不良嗜好和恶习。我们把这种人叫作"败子"或"浪子"。

但是在败子当中,也不都是一"败"到底,有的在实际生活中得到亲朋的规劝、训诫,有的在遭遇艰危困厄之时,受到冷眼与奚落,还有的善心未泯,通过自省而终于幡然悔悟,他们一改过去的恶行恶状,洗心革面,开始重新做人,回到正道上来。

太阳还未升起前,庙前山门外凝满露珠的春草丛里,跪着一个人:"师傅,请原谅我。"

他是城中最风流的浪子,10年前,却是庙里的小和尚,极得方丈宠爱。方丈将毕生所学悉数教授,希望他能成为出色的佛门弟子。但他却在一夜间动了凡心,偷下山去,五光十色的城市迷乱了他的眼睛,从此花街柳巷,他只管放浪形骸。

夜夜都是春,却夜夜不是春。10年后的一个深夜,他陡然惊醒,窗外月色如水,澄明清澈地洒在他掌心。他猛然间深深忏悔,披衣而起,快马加鞭赶往寺里。

"师傅,你肯饶恕我,再收我做弟子吗?"

方丈痛恨他的辜负,也深深厌恶他的放荡,只是摇头:"不,你罪过深重,必堕阿鼻地狱。要想佛祖饶恕,除非,"方丈随手一指供桌,"——连桌子也会开花。"

浪子带着深深的悔恨继续在山门前跪着。第二天早上,当方丈踏进佛堂的时候,惊呆了:一夜间,供桌上开满了鲜艳的花朵,红的、白的,每一朵都芳香逼人。

方丈在瞬间大彻大悟,连忙将山门外的浪子叫了进来,重新收他为徒。

其实这世上没有什么错误不可改正,没什么歧路不能回头。只要真心向善,"败子"也一定可以走向新生,用"金不换"来形容这种转变太贴切了,什么事会比"浪子回头"更难得呢?

> **俗语智慧**
>
> 古人说："知耻而后勇。"也就道出了"败子回头"的可贵之处。当今社会很多人"生在福中不知福",不能树立远大的理想抱负,也不想立志对国家和社会做些有益的事情,也像过去的"败子"那样,讲究吃穿玩乐,不勤不俭追求时尚,甚至干些邪门歪道的勾当。长此下去,很容易滑入罪恶的深渊而追悔莫及。古人说："以人为鉴,可以明得失。"因此,何去何从,应该从"败子回头金不换"这句俗语中,得到警示。

023. 不做亏心事,不怕鬼叫门

只要做事堂堂正正,就不怕别人的挑刺、挑衅。这句俗语说明了"心底无私天地宽"的道理。

这句俗话前句中的"亏心",意思是感觉到自己的言行违背正理。通俗地说,"亏心",也就是做了有害于人的事,内心不安,甚至是害怕受到谴责或惩罚;后句中的"鬼叫门"带有极浓厚的迷信色彩。旧社会说到"鬼叫门",是一个极大的不祥之兆。一个是说哪户人家有即将死去的人,才会有鬼来,进门把死人的灵魂拘走,去所谓的阴曹地府

报到；另一个是表明被鬼来叫门的人，一定是做了见不得人的亏心事或坏事，不被宽容和饶恕，才会有鬼来拘魂，拿他到阴间去接受惩戒。因此，"鬼叫门"是当时活在世上的人最忌讳、最惧怕的事情。

旧时有神鬼惩戒恶人的迷信说法，这种说法对老百姓说话办事等诸多方面，起到了在心理上的一种威慑作用，是在一定历史条件下的精神制约。

今天，人们的生活已进入法治时代，已经从思想意识上破除了迷信，"鬼叫门"已是无稽之谈，无须去怕。但每个人都应该做个正直老实的人走人间正道，无论如何也不能去做亏心之事，因为它有悖于人们的道德与良知，也更为严明的法纪所不容。

俗语智慧

人们在现实生活与工作之中的各种活动，遵规蹈矩，遵纪守法，是我们言行的准则。但时而还会听到有人沿用这句俗语，表白自己言行上的坦然与自信，这姑且不论，如果这句俗语被那些做了亏心事的人，变成一块蒙骗别人的遮羞布，则不能不擦亮自己的眼睛，洞烛其奸。

一、历练修养篇

024. 苍蝇不叮没缝的鸡蛋

鸡蛋留有缝隙才给苍蝇可乘之机。喻指污点染身首先是因为自己给"污点"留下了空间。

苍蝇是一种小之又小的生物，它在炎热的夏天孳生繁衍，发出嗡嗡的声音飞来飞去，它非常喜欢又腥又臭的气味，到处寻找腐烂变质的食物叮住不放，既污染食品又传播疾病。因此，人们对它极端厌恶，把它

视为有害昆虫。

常言说："没有臭秽,苍蝇不飞。"如果把食物洗净消毒,非常清洁卫生,苍蝇就不会光顾,即使飞落在上面也不会发生质变。所以人们根据苍蝇的习性和行为特点,总括出一句"苍蝇不叮没缝的鸡蛋"的俗语。无缝的鸡蛋干干净净,苍蝇无隙可乘;相反,有缝的鸡蛋,蛋壳破裂,蛋清蛋黄从裂缝中外溢,苍蝇自然闻臭而至,一饱口福。

这句俗语表达了深刻的寓意。苍蝇用来比作社会上那些谋求私利,专以诱惑等卑劣手段拉拢或腐蚀别人的不齿之徒;有缝的鸡蛋则比作那些意志不坚定,不能保持操守的贪官污吏或其他能给人以借口和机会的缺点。

例如:有的官员贪财好色,品德卑下,有人就会把美女和钱财送上门,投其所好。一个"贪"字,一个"好"字,使他丧失人格。如果不贪不好,那非法钱财与美色,就不会找上门来引诱他走上犯罪的道路。

俗语智慧

常言说,无欲则刚。不言而喻,一个人能洁身自爱,把思想品格和名节看得比生命还重要,就不会祸及自身。与此相反,有的人不能把持住自己,一旦陷入罗网,成了"有缝的鸡蛋",其结果只能是身败名裂,甚至永世不得超生。古往今来,无数事实已经证明这句俗语之不谬,使人振聋发聩,所以必须牢记于心而慎于言行,否则追悔莫及。

一、历练修养篇

# 025. 江山易改,本性难移

相比之下,改变一个人的本性比改朝换代更难。

人在成长过程中,不断受到来自各方面的影响,因而逐渐形成了自己的性格,有的人软弱怯懦,有的人谦虚谨慎……这也就是人们常说的"本性",一般来说一个人形成一定的性格后,就很难再改变。

句中的一"易"一"难",在相比之下更突出了"难"字。一个人固有性情比起朝代的更替还难以改变。听起来似乎言过其实,但从生活实践来看,确是恰如其分,历史上有很多实际事例,证明了这句俗语的正确性。

例如:号称西楚霸王的项羽,他勇武善战,确是一位盖世英雄,但他生性刚愎自用,不纳人言,结果白白错过了很多扳倒刘邦的好机会,直到兵败乌江,无颜见江东父老,拔剑自刎之时,仍然仰天长叹:"天亡我也。"始终未能认识这一导致自己失败的致命原因。

又如:梁山泊好汉黑旋风李逵,他为人忠义豪爽,但急躁的脾气,鲁莽的性格,使他做错了许多事,也因此多次受到责罚,但还是随着他一生一世未能改变。

人的固有本性很难改变,就好像一条狼再怎么驯化,还是难以驯服一样。

俗语智慧

这句俗语，是用来对某个人的思想修养或为人处事等各个方面表现出的缺点或不足，含有贬义的一种评论。因为越是一些坏的本性，越需要改，人们也越希望他改。但本性一旦成其为本性，就很难做出改变了。

026. 君子一言，快马一鞭

指旧时品格高尚的人——君子，形容他性格豪爽，一句话说定后，决不改变或反悔的态度。俗语中的后句"快马一鞭"，是在形象地比喻：君子说定的话，有如能行善跑的快马，只要加上一鞭催动，就会疾驰如飞，不需再动鞭子。

这句俗语在民间广为流传，也有的把它说成"君子一言，驷马难追"。"驷马"，同拉一辆车的四匹马；"难追"，难以追回。俗语中的后句虽然词语不同，但表达的含义则完全相同。

俗语中的君子"一言"，是指对别人说出承诺或应允的话，既然说定，就一定在行动上表现出来，决不失信于人。即使在今天，这样的做法也应该给予肯定并加以提倡。

相传东汉时，汝南郡的张劭和山阳郡的范式同在京城洛阳读书，学业结束分手时，张劭站在路口，望着长空的大雁说："今日一别，不知何年才能见面……"说着流下泪来。范式忙拉着他的手,劝说道:"兄弟,不要悲伤,两年后的秋天,我一定去你家拜望老人,同你聚会。"

两年后的秋天,张劭偶闻长空一声雁叫,引起了情思,赶紧回到屋里对母亲说:"妈妈,刚才我听到长空雁叫,范式快来了,我们准备准备吧!"他妈妈不相信,摇头叹息:"傻孩子,山阳郡离这里一千多里路啊!他怎会来呢?"张劭说:"范式为人正直、诚恳、极守信用,不会不来。"老妈妈只好说:"好好,他会来,我去做点酒。"其实,老人并不相信,只是怕儿子伤心而已。

范式果然在约定的日子风尘仆仆地赶来了。旧友重逢,异常亲热。老妈妈激动地站在一旁直抹眼泪,感叹地说:"天下真有这么讲信用的朋友!"范式重信守诺的事情被后人传为佳话。

顾炎武曾以诗言志:"生来一诺比黄金,那肯风尘负此心。"讲信用、重承诺,它不仅体现对人的尊敬,也表现对己的尊重。

俗语智慧

在当今社会,诚信缺失,我们应该提倡做一言既出,驷马难追的君子。

027. 面善不如心善

只是表面看上去善良的人,不如真正心地善良的人。

人的面相生来自然有丑有俊,有人认为通过面相能够看出一个人的本质。其实这种想法是错误的，以貌取人永远靠不住。生活中有的人面相看来和善可亲，然而心地未必如面孔那样也很良善，也许是小肚鸡肠，甚至心怀叵测；有的人相貌丑陋，但时间一长，却发现他为人热心豪爽，重情重义。

面相老实良善不能认为其人不好，但更为主要的评价还在于人的心地是否善良。

例如：《水浒传》中，梁山泊好汉黑旋风李逵是一脸的凶神恶煞，乍一看来绝非良善之人，但他在农民起义斗争中，却能除暴安良、嫉恶如仇，比起那个一脸悲天悯人的及时雨宋江，更让人觉得亲切。

人不可貌相，看人不能只看表面，更重要的是看他的内心，如果一味以貌取人，说不定什么时候就上了"笑面虎"的当。

俗语智慧

心地善良是人的思想感情的表现与反映，也是做人的道德准则。因此说面善与不善并不重要，重要的是心地善与不善，世界上没有一个心地善良的人，竟能甘心去做坏事，只有心地恶毒的人才去伤天害理。所以，对人的正确评价要看其本质，不能迷惑于表面现象。

028. 宁叫身受苦，不让脸受热

"身受苦"，一般地说只要人很坚强，就能熬得住，挺过去，但是"脸受热"，对一个非常自重自爱的人，会感到惭愧和羞耻，感到十分难堪。这句俗语的意思说，宁愿受一点实际的苦，吃一点实际的亏，也不能丢掉面子。

常言说："人有脸，树有皮。"树被扒了皮会枯死；人脸受热是指伤了自尊。脸上受热是因为某些过失或错误，受到指责非难、或者带有轻慢的侮辱。

这句俗语的含义有取有舍，界线分明。它所指的并不是一般的微不足道的琐事，而是说在大是大非面前要坚守立场，不要为了小利损害人格。所以每个人都要用这句俗语自警自戒。

社会上有的人不识好歹，不知进退，用扎一锥子不冒血来形容他的厚皮厚脸最为恰当。这样的人任人随意责难与轻蔑都无所谓，只要捞取到实际的好处就行。

这句俗语，旨在激发人们进取向上的精神。比起"脸受热"来"身受苦"要好多了。

俗语智慧

历史上有人在大是大非面前，能保持自己的气节。甚至舍生取义或者杀身而谢罪于天下，就是这句俗语表达的意义，达到了升华的境界。

029. 人贵有自知之明

"自知之明"语出《老子》："知人者智，自知者明。""明"是聪明、明智。它的含义是自己要有了解自己的明智，形容有正确看待自己的能力。

常言说：知人容易知己难。一个人最难了解的其实是自己。这是因为人往往能看到别人的缺点却看不到自己的。所以说一个人可贵之处，就是能有自知之明。

自知之明的有无，不仅关系到个人的得失，有时也会影响到事情的成败。

春秋时期，鲍叔牙协助齐桓公复国作出很大的贡献，他完全可以担任宰相的职位，但他却煞费苦心地举荐管仲为相，认为自己的才能不如管仲，由管仲辅佐齐桓公治国，齐国会很快强大起来。齐桓公采纳了他的建议，后来齐国果然称霸于诸侯国，齐桓公也一跃成为春秋五霸之首。

与此相反，战国时期赵国的赵括，他只能纸上谈兵，并没有一点实战经验，却自以为是孙武难敌的良将。后来赵王派他率领四十万大军迎战秦军，结果赵括兵败身亡，连投降的四十万赵军也被秦将白起下令坑杀。如果赵括能有自知之明，就不会使赵国从此一蹶不振而趋于衰亡。

俗语智慧

上述一正一反的事例，足以说明自知之明的难能可贵。它的利害之处，确实关系到个人的荣辱得失或事情的成败。因此，首先要正视自己，然后才能正确对待客观的事物。

030. 身正不怕影子斜

身体站得直，影子歪斜了又有何妨。喻指只要为人做事走得正、行得端就没有什么可怕的。

"身正不怕影子斜"这句民间俗语与"脚正不怕鞋歪"，同是表达一个含义的比喻句子。

人的身体直立时，出现的影子一定是斜的，不能端正垂直，身与影子形成了"正"与"斜"。有的人就用这"斜"大做文章，但心地纯正的人却不会惧怕这些闲言恶语，做人求的就是无愧于心。

古时候某地有一位有名的禅师,当地人都非常尊敬他。

一天,禅师家附近有一个未婚的漂亮女孩怀孕了,她的父母亲非常生气。开始,女孩不肯说出孩子的父亲是谁,费了不少周折,她最终说出了禅师的名字。

女孩的父母非常生气,就跑去找禅师,但是禅师唯一的回答:"是这样的吗?"

孩子出生后,就被送到禅师那里,让他抚养——这时的禅师已经名声扫地,尽管他自己并没有因此而受干扰。

禅师对那个孩子照顾得非常周到,他从外边讨来食物和孩子所需要的一切东西。

一年以后,那个未婚的女孩再也忍耐不住了,终于将真情告诉了她的父母——孩子真正的父亲是一个在村里工作的年轻人。女孩的父母立即去找禅师,把这件事告诉了他,并对此表示深深的歉意,请求他宽恕,将孩子领回去。

禅师把孩子送还给他们,说:"是这样的吗?"

影子斜与不斜并不能真正地说明问题,身子正与不正才是问题的实质和关键。虽然说"防人之口,甚于防川",但只要走得正,行得端,就自然而然地维护了自己的人格尊严,至于别人要说"影子斜"那也只好随他。

俗语智慧

古往今来,多少是非曲直,最终自有公允的评论,甚至历史上发生过的重大的冤假错案,到头来,都有水落石出的洗雪之时。常言说:"难道听喇喇蛄叫,就不能种地?"这句反诘,也是在表达这句俗语的道理,所以,只要真的"身正",可以任人评说。

031. 打铁先得自身硬

干好打铁这样的（力气）活，先得自己有一个过硬的好身板。这句俗语喻指要征服强硬的对手，自己要打好过硬的基础，拥有过硬的本领。

人们常说打铁师傅是硬汉，事实确实如此。

过去，用铁原料打造各种器物，还是采取极为原始的生产方式。一台熔炉，一块铁砧，几把大小铁锤和铁钳等工具，铁匠师傅站在炉前，先把未成型的铁料放进炉里锻烧，等到把它烧得全身通红的时候，取出来放在铁砧上，一手持锤，一手掌钳，把它锤打成型，然后再放进炉里，接着再取出来打造。经过反复多次，最后才能制成各种用途的器具。

由于打制的器物具有大小、长短和轻重的不同，工艺也有简单和复杂的区别，所以打铁师傅不仅要有精湛的技艺，更要有强壮的筋骨，吃苦耐劳的体魄和充沛的精力。因此，人们根据这个行业的生产特点，总结出这句"打铁先得自身硬"的俗语。

这句俗语常被人用来说明一个人为人做事要踏实勤勉，身体力行，才能使人信任和敬重。

伟大的史学家司马迁在他撰著的《史记·李将军列传》中，篇尾有他对李广一生为人的评语："其身正，不令而行；其身不正，虽令不从。"同时，又用一句谚语："桃李不言，下自成蹊。"加以诠释。意思是桃树李树不会说话，可它们的花果吸引众人前来观赏，以致树下被踏出一条小路。以此比喻一个人得具有真才实学才能让人折服。

> **俗语智慧**
>
> 这句俗语中的一个"硬"字，能够深刻地说明道理：无论什么情况下，自己先"硬"起来是做人做事的根本所在。

032. 恶不可积，过不可长

很坏的行为或犯罪的事情不可过多地积累；过失或错误不可逐渐增加，这是这句俗语的含义。它旨在严正地劝诫人们要从善和改过，用这句金石之言来要求或约束自己的言行。

"恶"与"过"，既有害于社会，又有害于自身，作恶多端必然导致自取灭亡；不断地犯错误，会使人陷入危险境地，并且要受到自己的恶行带来的惩戒。因此一定要弃恶从善、改过自新，"人非圣贤、孰能无过"，只要知过必改，就可以堂堂正正地做人。

周处年轻时，凶狠强悍，仗义好斗，被乡里百姓认为是个祸害。当时，义兴这个地方，河里有条蛟龙，山上有只猛虎，也都经常伤害百姓。当地人将周处和蛟龙、猛虎并列为"三害"，其中周处尤为厉害。

于是，有人鼓动周处去杀虎斩蛟，实际上是希望三害中只留一害罢了。周处先上山杀死了猛虎，又跳入河中追杀蛟龙。那蛟龙时浮时沉，浮游几十里远，周处紧紧缠住它不放。过了三天三夜，当地百姓都以为周处与蛟龙已死，互相庆贺，欢喜不已。不料，周处竟然杀死蛟龙，出水上岸。他听说人们以为自己与蛟龙已死而欢呼庆贺,才明白自己早被百姓所憎恶,就有了悔改之意。于是前往吴郡寻找陆机、陆云兄弟求教。陆机不在家中,只见到了陆云,周处将实情一一相告,并且沮丧地说自己有意改过自新,又担心年龄已大,终究会一事无成。陆云劝慰他说:"古人认为清晨懂得道理,即使傍晚死去也是可贵的,何况你的前途还十分光明。人怕的是不立志向,何必要忧虑好的名声不能显扬?"周处听了陆云的话,从此改过自新,终于成为世人景仰的忠臣孝子。

俗语智慧

做人要以品德为立身之本,"恶"与"过"都是无品无德的为人唾弃或鄙视的表现。它的害处有如水火,不去止住它,就要淹死自己或烧死自己。人的一生一世,难免由于某种原因或动机做了坏事或犯了错误,但只要敢于正视,勇于改正,一样可以重新做人或变为有用的人。

033. 放下屠刀,立地成佛

句中的"立地"是"立刻"、"马上"的意思,表示时间非常的短促。这句俗语原是佛教禅宗劝人改恶从善的话。它的本意:只要放下手里的屠刀,马上就可以成佛。"佛"泛指佛教的神(在俗语中指能改恶从善的人)。后来拿它作为比喻,只要停止作恶,决心改悔,就能很快地转变成好人。它的主旨是劝诫恶人改邪归正。

这是一句劝人改邪归正的俗语。一个人如果是真心悔改，虽然前罪不能消，但从他向善的那一刻起，就可以称得上是一个好人了。

旧时四川一带土匪猖獗，他们烧杀抢掠，无恶不做，尤其是他们的头领，更是恶事做尽。有一次他骑马从一座寺庙前经过，正碰上一个老和尚在桥头扫地，喜怒无常的首领二话没说，就砍掉了老和尚的一只手，没想到老和尚慈爱地笑了一下，又用另一只手继续扫地，首领被激怒了，他又砍掉了老和尚的另一只手，但老和尚依旧慈祥地看着他，用两只断臂拿起扫帚，首领呆住了，刀一下子掉在了地上，整个人也跪在了地上。土匪帮似乎在一夜间消失了，那座寺庙中却多了一个扫地僧人。

但也不是所有的恶人都能放下屠刀。有人说过，对蛇一样的恶人不能同情和怜悯，否则只能身受其害，善心得到的却是恶报。因此，对这句"放下屠刀，立地成佛"的俗语，只能是看清对象，择人而用。

俗语智慧

无论如何，拿着屠刀的人只要能放下屠刀，不管能不能成佛，终究是一件好事，应该给予鼓励，也应该给予他"成佛"的机会。

034. 脚上的泡是自己走的

这句俗语的本义用不着再做什么解释就非常直白浅显：一个人无意之中把事情办糟了，出了差错，或造成不可挽回的损失，完全是由自己主

51

观原因造成的，一点怪不得别人，也没有什么客观原因。从俗语的感情色彩来看，说到自己含有自责其咎；说到别人则含有嗔怪或是一种嘲讽。

　　人们在工作与生活中，每天都要做很多事情，就像人们每天都要走路一样。事情有大有小，有难有易，有简单或复杂，这也像走路有远有近，有崎岖不平，也有大道通衢一样，而且路就在自己的脚下，怎么走才不伤脚、不走出泡来全在于自己走路时的小心谨慎。做事也与走路有些类似，事先应该慎重考虑如何能把事情办得稳妥，既不能粗心大意，也不能不顾及自己的能力与条件，同时还要虚心听取别人的建议或规劝。否则，单凭热情或者自以为是的蛮干，就像走路，应该慢行却要急走，应该停止，却要继续逞强，应该穿好鞋袜，却偏要打着赤脚一样，其结果必然会把自己的脚走出泡来。

　　做事与走路确实有类似之处，明知不可为而为之，自然吃亏的是自己。这句俗语的比喻既形象贴切，又给人以告诫。

俗语智慧

　　如果走路能根据路况决定如何走下去，做事能够根据事态变化，有所估计和设想，同时还能听取别人的意见然后再去办理，那么走路脚不会再走出泡来，做事也再不会出什么差错。

功业成败
篇

　　在前人行进的脚步中,有成功者的功成名就、志得意满,有失败者的刻骨铭心、另辟蹊径,在功业成败的切身体验下总结出来的这些俗语,有箴劝、有指导、有解悟、有警告,其中闪现的智慧火花让人们对前面的路看得更清晰。

035. 不入虎穴，焉得虎子

不亲身钻进虎窝里，怎么能得到想要的虎仔呢？喻指要想得到珍贵的东西，就要勇于亲历险地。

天下没有白吃的午餐，做事情畏首畏尾，不敢冒一点风险，又怎能成大事呢？成功只属于那些胆识过人、智勇双全的人！

东汉初期，扶风安陵（今陕西咸阳东北）人班超，是历经汉明帝、汉章帝和汉和帝三代的名将，也是历史上通西域有功于国家的人物。他奉王命出使西域，目的是扼制盘踞在西北地区匈奴贵族势力的扩张，进而同西域各国建立友好邦交，联合起来共同抵抗匈奴的侵扰。出使过程并非一帆风顺，而是困难重重，杀机四伏。面对这种险恶情势，班超不但没有畏缩不前，反而更加坚定了完成使命的决心和信心。他召集随从，分析了当时的处境，说出了"不入虎穴，焉得虎子"这番充满豪气的话，激励大家舍生忘死地去完成出使任务，带领部下进行了艰苦卓绝的斗争。历时三十一年，先后攻杀匈奴派驻鄯善、于阗的使节人员，又废掉亲附匈奴的疏勒王，巩固了汉朝在西域的统治；汉章帝时，又陆续平定莎车、龟兹、焉耆等地贵族的变乱。并击退月氏的入侵，保护了西域各族的安全，以及"丝绸之路"的畅通。

　　班超这句"不入虎穴，焉得虎子"的话，自此以后，成为比喻任务艰巨，不承担风险，不经过艰苦地努力就很难成功的一句俗语。

俗语智慧

这句俗语，不是鼓动人去冒险或做无谓的牺牲，而是要人有勇气、有智谋，也要审时度势，从而获取成功。

036. 车到山前必有路

　　车子行到山前，必定能找到过山的路。喻指困难面前只要积极主动，完全可以克服困难，越过障碍而前行。

　　"其实地上本没有路，走的人多了，也便成了路。"这是我国伟大的文学家鲁迅先生，在他写的短篇小说《故乡》结尾的一句话，这句话语意深远，它不仅告诉人们：路是人走出来的，也在提示一个真理：

任何事情只要肯做、敢做，都会有成功的希望。

世上的路千千万万，有大路小路，有山路水路，哪条路都是在人的脚下走出来的，换句话说是人用自己的智慧和辛勤的劳动开辟出来的。从古至今，从原始到文明，人类社会都是在不断地，并且从未停止前进的步伐。办法是人想出来的，路是人走出来的，任何困难都能被人类的聪明才智所征服和战胜，常言说："没有过不去的火焰山。"说的就是这个道理。

> **俗语智慧**
>
> 从钻木取火到人造卫星发射上天，虽然经历了一个漫长的历史进程，但毕竟人类已进入高度的物质文明的科学时代，并且仍然在以飞快的速度，向更高更新的领域迈进。"车到山前必有路"，不是猜测，不是估计，而是人们的确信与论断，因为，人在困难面前不会束手，不会一筹莫展，所以有山就有路，即使无路，人也要用自己的意志和力量开辟出一条路来。

037. 靠山吃山，靠水吃水

与山为邻可以从山上得到生活来源，与水为伴可以以水为谋生的对象。

"靠山"，因为山上有绵亘不断的森林，有各种野生的果实和药材，也有出没其中的飞禽走兽，还有埋藏于地下的丰富的矿产。人类只要合理地开发利用这些自然资源,温饱就绝对没有问题。

"靠水"既有鱼盐之利,又可以建立交通航运,因此水也是人们赖以生存发展的宝库。

既然要靠山吃山,靠水吃水,那就要注意到在开发利用的同时,还要维护好"山"与"水"的休养生息,如果是"靠山"就滥采滥伐;"靠水"就竭泽而渔,那也会有"山穷水尽"之时,"山"与"水"能造福于赖其生存的人类,也能给人类严厉的惩罚。大自然就是如此的公正无私,所以绝不能等到"山"与"水"的资源匮乏,不能再生再长之时,才明白不能一味地享用而还要养护的道理。

俗语智慧

一切事物都是有这样的辩证关系,而且不能违背这个自然法则,只要摆正位置,以正确利用和开发的态度去"靠山吃山,靠水吃水","山与水"自然给人类带来兴旺发达。当然,这句俗语在用法上已不再限于山和水,而是以山水代指一定的资源。

038. 男怕入错行,女怕嫁错郎

"男怕入错行"中的"行"字,指行业,也泛指从事的职业。句子的意思是:一旦选择错了职业,会影响他一生的发展。"女怕嫁错郎"中的"郎",是旧时丈夫的称谓。男婚女嫁,是人生旅程中在生活

与感情方面的重要归宿，关系到一生的快乐与幸福，自然应谨慎。

　　一个人选择一个什么样的职业对其一生的影响至关重要。进入到一个自己喜欢，又能发挥特长、且很有发展前途的行业，事业就多了很多成功的机会。反之，在一个勉为其难的行业混日子或者频繁地在不同行业间跳来跳去，是不会干出什么名堂的。从这个意义上说，男怕入错行实在是至理名言。

　　下半句是说，一个女人如果不幸嫁了一个不肖子弟或轻薄之徒，这个女子的一生就会被毁掉、永无出头之日。因为旧时要求女人"从一而终"，只有丈夫休妻，妻子不能休弃丈夫，一旦"嫁错郎"，就等于是掉入深渊，再也难回头了。

　　有一个齐国人，和妻妾住在一起。这男人只要外出回来，总是酒足饭饱，吃得红光满面。妻子问他一起吃饭的都是些什么人，他说都是些富贵人。有一天，妻子对妾说道："丈夫外出回来，总是酒足饭饱，吃得红光满面，问他一起吃饭的都是些什么人，他说的都是些有名气的富贵人，可是平常并没有什么显贵的人来访啊！我准备悄悄地跟着他，看他究竟都到些什么地方。"于是，第二天早上起来，妻子便躲躲闪闪地跟在丈夫后面，走遍了全城也没见有一人站住和她丈夫谈话，最后只见丈夫来到东郊的一个墓地里，向在那里扫墓的人讨要祭祀后剩下的酒饭，这边要过，又左顾右盼地到那边讨要，原来这就是他的饱食之道。妻子回来将看到的情景告诉了妾，说："丈夫是我们所指望和依靠终身的人，现在才知他竟然是这样子！"然后两人一边责骂和挖苦着丈夫，一边相拥而哭。虽然她们知道自己嫁错了人，不过也没有任何办法改变命运，只能无可奈何地忍受那个不争气的丈夫。

　　古人说"切莫将身轻许人"，这句话对现代的女性也同样适用，虽然现在可以自由离婚，但错嫁的伤痛却可能会跟随你一辈子，所以对于终身大事还是谨慎一点吧！

二、功业成败篇

俗语智慧

不管是男之入错行还是女之嫁错郎，其影响都是一辈子的事，所以先预设一丝怕的心理，选择之前才会谨慎从事。

039. 捧着金碗要饭吃

手捧价值连城的金饭碗，却要去低三下四地讨饭吃，比喻有现成的条件不会利用，舍近求远。

一个人捧着金碗怎么还会要饭吃呢！原来他不懂得利用金碗，不知道"金碗"的价值，所以才会干出"手捧金碗要饭吃"这种滑稽的事情，这句俗语是比喻一个人有致富的能力，却不懂得应用，结果白白挨饿受穷。

宋国有个人善于炼制一种预防皮肤冻裂的药膏。因为手涂上这种药膏能防冻裂，所以他家祖祖辈辈就靠在水上帮人漂洗棉絮为生。有个外地人听说了，便寻上门来，情愿出一百个大钱买下他的药方。他召集全家商议说："我家漂洗了几辈子棉絮，也挣不到几个钱，从早忙到晚还吃不饱饭；现在只要卖掉药方，一下子就可以拿到一百大钱。怎么样，卖了吧！"

那个外地人弄到了药方，便去劝说吴王制造这种药膏。不久，越国大举侵犯吴国，吴王命令他统率军队迎战。当时正值朔冬腊月，两军在水上大战。吴国军士涂上药膏，手脚皮肤没有冻裂，一个个生龙活虎，

杀得越国人望风而逃。吴王大喜,划出一块土地封赏给他。这件事后来被人传扬开了,大家就都取笑那个宋国人:"捧着金碗要饭吃。"

俗语智慧

常言说:财富是靠智慧和劳动创造出来的。因此,不劳而获的寄生生活,以及有现成的诸多有利条件却不会利用,不仅丧失了自身的生命价值,也为人不齿。

040. 千军易得,一将难求

千军万马容易得到,相比之下一位战无不胜的英明将领则很难找到。

韩信,淮阴人。自幼熟读兵书、深谙兵法,有将帅之才。起初他追

随项羽,但不为所用,后来又投奔汉王刘邦,但只是当了一个督办粮饷的官吏,他感到怀才不遇。由于当时刘邦势力较弱,不被看好,所以很多士兵甚至还有一些将领都跑了,韩信也是其中的一个。当萧何得知韩信离去的消息后,他急得连夜骑马去追赶韩信,并且把他劝说回来。刘邦觉得很奇怪,就问萧何为什么一定要把一个不起眼的小人物追回来。萧何告诉刘邦韩信是一个军事奇才,小兵跑了可以再招募,但韩信走了可就再难找到这样的良将了。要想与项羽争天下,就必须重用韩信才能赢得最后胜利。刘邦终于采纳了萧何的建议,设坛拜帅,在三军面前,封韩信为上将军。

此后,韩信统兵多次打败项羽,破三秦、占关中、拔魏赵、下三齐、为刘邦的统一大业立下了汗马功劳。

我国历史上还有很多名将,他们能征善战,抵御外侮,保家卫国,为中华民族的昌盛建立了不朽的功勋。如汉代防御匈奴入侵的飞将军李广;唐朝恢复中兴立有大功的郭子仪;南宋抗金的民族英雄岳飞;明朝驱逐倭寇的大将戚继光;清初收复台湾的郑成功。

现在这句俗语被引申为:在一个企业中,普通的员工很容易找到,但要招到一位好的管理者，却是千难万难，一个管理精英所起到的作用是很多普通员工加在一起也比不上的。

> **俗语智慧**
>
> 无能的将领领兵作战，只能让大量的士兵白白地送死；英明的将领却能使将士用命而扬威于天下。常言说："兵熊熊一个，将熊熊一窝。"事实也正是如此。

041. 人不得外财不富，马不吃夜草不肥

人得不到意外的财富不会很快致富，马夜里不吃添加的草料不会肥壮。

"马不吃夜草不肥"：旧时马是为人使役的主要畜力之一，为了让它干活更有劲或跑的更快，特意在夜里给它加一遍草料，使其体壮力强。这是养马人的经验之谈，自然无可非议。

"人不得外财不富"，所谓"外财"就是指分外之财，它不是从事某种工作而应得的报酬，也不是从事哪些商贸活动获得的正当利润，而是指利用不正当的手段牟取的暴利，赚取的不仁不义之财。例如那些制造与贩卖假冒伪劣商品，或者是骗人钱财的传销活动所赚取的"外财"。

词典上解释"外财"就是外快，就是指正常收入以外的收入，这

是狭义的解释。这句俗语所指"不得外财不富",一个"富"字也就揭穿它的非法性,不合生财之道。古人说:"君子爱财,取之有道。"所以要想发财致富,还是得靠诚实劳动,合法经营。整天想着赚"外财"的人早晚会受到法律的惩戒。

俗语智慧

这句俗语之所以能够流传至今,而且在某些人言行中出现,这是那些人的所欲无穷而逾矩,因而产生这样的侥幸心理和非分之想,但在事实面前,其结果是损人又害己,甚至在其引诱之下触犯刑律受到惩处。

042. 人往高处走,水往低处流

就像水流具有由高往低的自然规律一样,人也具有由低求高的本性。

人往高处走,这句俗语对自己来说是一种自勉和鞭策,对别人来讲是一种期望与激励。"高"就是向上,"高处走"就是在做人、工作与生活等各个方面都要努力上进,人生一世,应该有所进取,有所作为,不能庸庸碌碌,一事无成。

"水往低处流","低"就是向下,点明"水"这种液体物质,在流

淌之时，必然是趋向低处，这是自然规律使然。前后两句虽是并列，却是以低流烘托高走，突出说明就像水总是要向低处流一样，无论什么时候，什么情况下，人都要努力奋进，不断地向高处走。

俗语智慧

重要的是一个人必须搞清楚什么是高，什么是低。有人贪污求财也能富甲一方，有人横行乡里，为人侧目，这也都是一种"高"，但绝不是我们应该追求的高。

二、功业成败篇

043. 人心齐，泰山移

只要大家一心一意办一件事，连把泰山搬走这样的事都能做到。这是一句极具夸张，含有深刻比喻意义的民间俗语。听起来使人不仅受到激励与鼓舞，并且领悟出团结起来智慧和力量就更加伟大的道理。

东岳泰山是五岳之首，它横空出世气势磅礴，巍峨地屹立在齐鲁大地上。古时诗人用"会当凌绝顶，一览众山小"的诗句称颂泰山，可见它的峥嵘与雄伟。然而即使是这样一座大山，只要"人心齐"就可以把它移走。

句中的"齐"字，表明人们心向一处想，劲往一处使，团结起来为了一个目标，共同奋斗的意思，也是这句俗语所要表现的中心思想。

吐谷浑首领阿豺有二十个儿子，阿豺对他的儿子们说："你们每人给我献一支箭。"他接过箭，一一折断，扔在地上。

没过一会儿，他的同胞弟弟慕利延来了。阿豺就对慕利延说："你拿一支箭去折断了它。"慕利延照办了。阿豺又指着剩下的十九支箭说："你把它们同时给我折断。"慕利延无法折断。

阿豺于是对他的弟弟和儿子们说："你们看见了吗？一支箭容易折断，许多箭合在一起，你就没法折断。只要你们大家同心协力，那么，我们的国家就一定坚不可摧！"

俗语智慧

"团结就是力量"是一条颠扑不破的真理。在今天,"人心齐,泰山移"这句俗语,会更加闪烁出时代的辉煌,激发人们的斗志,振奋人们的精神。

044. 舍不出孩子套不住狼

舍得用孩子作诱饵,才能让恶狼落入圈套。极言要获取某种利益,就必须付出一定的成本。

一个猎户,为了套住祸害人畜的狼,在狼出没的路上,下了几次套子,都没有把狼套住。最后他想出了一个冒险的办法:夜里,把家中一个吃奶的孩子,放在羊栏的外面,孩子前面放好套狼的铁夹,当狼扑向孩子的时候,它的脚踩上夹子就会被紧紧地套住。这样埋伏之后,狼果然落入圈套,成为猎户手中的猎物。人们把这种套狼的办法,看成是有效的成功经验,从而总结出这句"舍不出孩子,套不住狼"的俗语。

这句俗语具有引申的含义:要想把要办的事情办好或办成,就要敢于牺牲一定的利益或冒一定的风险。

这句俗语本来是褒义,因为猎取的对象是只凶残狡猾的狼,其目的是为民除害,但现在这句俗话越来越包含贬义了。比如说有人为了谋取不义之财或为了满足个人的某种私欲,把金钱或美女作为诱饵,拉拢腐蚀有权势的人物贪赃枉法,这种人也常常用"舍不出孩子套不住狼"来形容自己的做法。

> **俗语智慧**
>
> 其实,要想套住狼,光舍出孩子还不够,还要用对能套住狼的方法,否则,"孩子"已然舍出,狼却没套住,那可就是得不偿失了。

045. 失败是成功之母

很多成功的结果都是从失败中脱胎而来。这句俗语强调了善于总结失败的教训对于成功的重要意义。

世界上有很多事情,并不是一开始就一帆风顺或能一蹴而就的,而是要经过或多或少的挫折,最后才会取得成功,这已经成为事物发展变化的必然规律,所以人们在经历了许多的失败与成功后,总结出这句"失败是成功之母"经典式的俗语。

句中的"母"字耐人寻味,取其有产生出其他事物的能力或作用的含义。

古时候,有一个人带了一个指南针要去北方,但他走来走去,每次都是到了南方,他觉得痛苦极了。最后他沮丧地回到家里,向妻子讲述了这次失败的出游,妻子奇怪地看着他说:"可是南方的对面不就是北方吗?"在瞬间,他如醍醐灌顶,彻底懂得了失败的宝贵。原来失败的对面就是成功。

生活也常常是这样,成功者遇到的挫折要比失败者多的多,因为失败往往能给人许多有价值的东西,让人更快地走向成功。这句俗语告诉我们不要害怕失败,因为正是失败孕育了成功。

俗语智慧

失败时不要陷入苦恼的深渊不能自拔。天不会塌下来,只要善于从失败中吸取教训,会有更大的成功在前面等着我们。

046. 十年树木,百年树人

一棵树长大成材需要至少十年时间,而人若成材却需要更长时间的精心培育。

"树"字在句中的含义:一指种植,一指培育。十年就能够得到可用之材;百年才能培育出有益于国家与社会的人才。百年是十年的十倍时间,十年是个实数,百年则是近于夸张的约数,这句俗语旨在说明培育人才绝不是一时的权宜之计,而是极其长远的规划。因为成就一个伟大的事业是需要几代人继往开来，不断地努力奋斗才能成功的。

我国两千年前的一位古人说过："一年之计，莫如种谷；十年之计，莫如树木；终身之计，莫如树人。"可见培养人才的重要意义与作用。事实证明：一个国家的繁荣富强，社会的兴旺发达，政治、军事、文化教育、工农业生产、科学技术等各项事业的发展，都需要各种各样的人才。"人才"是指德才兼备的人或有某种特长的人，人才辈出则是国家民族强盛发展的标志。

俗语智慧

当今世界，科学领域中的先进技术，正向尖端发展，创造发明日新月异，其间竞争十分激烈，如果稍一滞后，就可能被动受其制约，不及于人的现实也可能要付出沉重的代价，所以有人说教育是百年忧患，并非言过其实，更不是在危言耸听，而是一个深刻的启示和告诫。

047. 世上无难事，只怕心不专

这是一句藐视困难，不怕艰苦的话，其实客观上不是没有困难的事情，而是人们用什么样的态度去对待，用怎样的方法去解决的问题。

南齐永明年间，有个法名叫僧护的僧人来到石城山，做了隐岳寺的住持。

隐岳寺东侧有一座仙髻岩，僧护立志要在仙髻岩的千尺岩壁上凿出一尊高大的弥勒石像。于是，僧护就忙开了，砍柴烧炭，垒石筑炉，采集工具，然后伐木搭架，开始凿佛像。这仙髻岩实在太坚硬了，凿一下，岩上只显出一个小小痕迹，这样日复一日，年复一年，连一个佛的头也没凿成。

有一天，僧护心里闷闷不乐，踱出山门，到寺门外去散心，忽然看见有两个妇人在烂泥田中，一仰一合前后摇个不停，仔细一看，两个妇人手里捏着一根绳，中间系着一个石杵，这石杵随着两个妇人的俯仰，在烂田中来回移动，这石杵已磨得精光铮亮，这田也被磨得凹下去变成一口池塘，即今日的放生池。

僧护从石杵磨塘的过程中得到了"世上无难事，只怕心不专"的启示，返回寺里继续凿佛像。僧护终其一生，仅仅凿了一个面颊，临终时，对寺里的僧众说："再生当就吾志。"

僧护死后，又有一个叫僧淑的和尚到隐岳寺继续凿弥勒佛像，他不分白天黑夜，专心致志地雕凿石佛，一直到死。过了一些年，一位名叫僧右的和尚又到隐岳寺主持雕凿石佛工程，终于在公元516年石佛像凿成了，后人对这一巨大艺术杰作赞叹道："名山入剡昔贤风，文士高僧托迹同。最是石城大佛寺，三僧哲将奇天工。"这个故事给我们的启示是：任何工作，只要你能专心致志，锲而不舍地去做，就一定能成功。

有非常之心，才有非常之人。做一件事如果你抱定非做完不可的决心，在做的过程中就会竭尽全力，动用你的一切力量，坚持到底，结果事情多半就会成功。

俗语智慧

借用明代文学家宋濂一篇著名散文《送东阳马生序》文中的几句话，再阐明这句俗语表达的意义："其业有不精，德有不成者，非天质之卑，则心不若余之专耳，岂他人之过哉！"

二、功业成败篇

048. 台上十分钟，台下十年功

台上十分钟的表演，需要平时下十年的苦功。

旧时的戏曲艺人都是从几岁就开始学戏，每天鸡不打鸣就起床一直练到星斗满天，就这样寒来暑往，等到唱、念、坐、打样样俱佳时，才有机会登台表演，而这至少是在十年以后了。所以人们总结出这样一句"台上十分钟，台下十年功"的俗语。

在台上表演一次只有十分钟的时间，可为了这十分钟的演出，艺人却花费了至少十年的时间来练习：不论是寒冬酷暑，还是刮风下雨，都要在师傅的教授下刻苦练习，吊嗓、劈腿、念白……无论多么单调都不能有丝毫的懈怠。这样站到台上时才能赢得观众的掌声和喝彩！

历经十年的勤学苦练，才能有舞台上"十分钟"的精彩演出。这十年辛苦来不得半点虚假，掺不进丝毫的水分。

这句俗语是在告诉我们，成功需要付出巨大的努力，天道酬勤，潜心学习的人一定会取得成就。

俗语智慧

在自己所从事的工作或事业中，专心致志，虚心学习，就必定能取得一定的成就。

049. 万事俱备，只欠东风

除了"东风起"这一关键因素，其他条件都已准备齐全。

我国古典文学名著《三国演义》中第四十九回写了"七星坛诸葛祭风，三江口周瑜纵火"的故事。曹操率领大队军马来攻打江东，周瑜想出了一个妙计对付曹操。他先派庞统向曹操献连环计，把曹军战舰用铁链连在一起，再派黄盖用苦肉计，假装投降曹操。接下来周瑜就准备火烧曹操水师，纵火须借东风，所以"东风"就成了整个计划最关键的一步。后来诸葛亮依据他掌握的气象知识，利用风向的变化，帮助周瑜施用火攻，火借风势烧毁了曹军连环锁在一起的战船，一举打败了曹操，奠定了魏、蜀、吴天下三分的局面。此后，人们根据这个故事总结出一句俗语：万事俱备，只欠东风。

这句俗语中的"东风"，原意只是点明从东往西刮的风向，后来人们常用它来比喻取得事情成功首要的、必要的条件，也是较为关键的条件。比如：一个大规模的工程建设项目，土地征利用规划、资金投入的筹措、施工的设计方案、人员的安排调配等等，都已准备好了。最后一关，就是只等呈报上去的建设项目报告，获得上级相关部门的核准，批复之后，就可以进行现场运作，这上级的审批可以比喻为"东风"。

俗语智慧

诸葛亮先观察好气象，把握住必刮东风，才取得赤壁一战的巨大胜利。人们既然把"东风"比喻为万事之中关键的一步，也必须像诸葛亮那样把握好运筹的时机。否则这"只欠"二字，只能"欠"下去，导致功败垂成，那俱备的万事，只好架空在那里了。

050. 一个好汉三个帮，一个篱笆三个桩

一个坚强勇敢的好汉，需要有人帮助他才能把事情办成办好；一道篱笆墙，需要有几根木桩帮它夯实或支撑，篱笆才能立得结实牢固。它的含义是说一个人的力量再大也毕竟有限，必须有人帮助他才能取得成功。

一根丝再韧，如果不与其他几根丝合起来，不会拧成线；一棵树无论怎样的高大粗壮，枝叶繁茂，也不能把它说成是一片树林。举一个简单的事例，建造一栋房子，如果只有一位能工巧匠操持一切，没有几个能干粗活重活的下手帮助他，那只有等着这位能手累死，就是累死也不能使房子按期盖完。

汉代开国皇帝刘邦，原来只是个小小的亭长，在农民起义的大潮

中,也起事反秦。由于得到张良、萧何、陈平、韩信和樊哙等文臣武将的辅助,终于打败了称霸一时的项羽,建立了封建的西汉王朝。与此相反,楚国贵族、"力拔山兮气盖世"的项羽,也参加了反秦斗争,而且拥有一支强大的军事力量,但由于他骄傲自大,把个人的作用估计过高,听不进逆耳忠言,导致众叛亲离,成了"孤家寡人",就连开始曾帮助他的谋臣陈平、韩信都离开他投靠了刘邦,掉过头来与他为敌。结果他兵败乌江自刎而亡。死前他慨叹地说:"天亡我也!"其实是他的刚愎自用,独断专行,让他走上了灭亡的道路。

人生离不开朋友,一句古语说得好:"万人丛中一握手,使我衣袖三年香。"人生离不开友谊、事业离不开友谊,和谐的人际关系是一个人事业成功的关键。

俗语智慧

仅凭个人单枪匹马"闯天下",并不能称为好汉,只有善于获取别人的帮助而能有所作为的人,才是真正的好汉。

051. 英雄难过美人关

能够过关斩将的英雄人物，在"美人"这一关口前也只好败下阵来。

清代诗人吴梅村写的《圆圆曲》中，有一句"痛哭六军皆缟素，冲冠一怒为红颜"，诗中的"红颜"指的就是当时任辽东总兵镇守山海关的吴三桂的爱妾陈圆圆。"冲冠一怒"，是因为陈圆圆被李自成手下大将刘宗敏掳去，吴三桂一怒之下做出了降清的决定。这句诗是讽刺他，竟然为了一个女人而卖国求荣。

这句"英雄难过美人关"的俗语，从古至今由来已久，例如：殷纣王宠妲己，周幽王宠褒姒，吴王夫差宠西施，唐玄宗李隆基宠幸杨贵妃等等。此外，豪门贵族、高官显宦、巨商富贾，他们之中有的三房四妾，还要寻花问柳，纵情于酒色之中，这都是凭借着他们的权势为所欲为，但还要用"英雄难过美人关"这句俗语自我解嘲，掩饰他们的丑恶行径。

过去的道学先生胡说什么女人是祸水、是灾星，把亡国、破家、身死的罪过都强加在了女人的头上，这是极大的诬蔑。俗话说"酒不醉人人自醉，色不迷人人自迷"，明明是男人贪色，却要把女人说成是红颜祸水。

男女之间的情爱是自然而然的事情。正像孔夫子所说："食色性也"（赖以生存的饮食，使人欢娱的美色，这都是人固有的本性）。所以英雄爱美人，美人爱英雄，是合乎情理而无可非议的，但是有些所谓的英雄过不去美人关，拜倒在石榴裙下为其左右，这称不上是真正的英雄豪杰。不能否认美好女子的动人魅力，但关系到一个人的荣辱得失，就应洁身自爱。事实上古往今来，能够越过"美人关"而坐怀不乱的英雄，也不乏其人，难与不难还是因人而定。

俗语智慧

面对今天的现实，有些坏人惯用美人计拉人下水，腐蚀人的灵魂，达到他们不可告人的目的。他们得逞于一时，主要原因还是自落陷阱的人思想不干净，意志不坚定，才使坏人有机可乘。古人说："君子好色，发乎情，止乎礼。"这句话不仅发人深思，并且利于行为举动。

052. 家趁万贯，不如薄技在身

家里有万贯家产，不如身怀一项生存技艺更让你觉得安全。

从前，传说在一个小镇上有两户人家，一户在镇上堪称首富，家财万贯，过着优裕自在的生活；另一户人家仅有两间住房，几亩土地，长年劳作过着节衣缩食的生活。两户人家都各有两个男孩。富家子弟是衣来伸手，饭来张口，过着锦衣玉食的生活。贫困人家的男孩整日帮助大人做些力所能及的零活，维持温饱。

后来两家子弟都长成大人，富家子弟仍然倚仗着自家的富有，不去谋求生计，反而游手好闲，放荡不羁，每天出入于茶楼酒肆，同一些浮华少年过着寄生生活。贫困人家的两个男孩,一个去学习裁缝手艺,一个去学木工技能,以求获取一技之长来养家糊口。

十年后两户人家的境况都发生了巨大的变化。富家子弟由于好逸恶劳,不务正业,并且染上了赌博和吸食鸦片的恶习,结果坐吃山空,求借无门沦为沿街乞食之人。贫家子弟已经各立门户,一个成为裁制衣服的能工,一个成为修建房屋的巧匠,衣食住行皆昔非今比。

两户人家的境况,一起一落,一盛一衰,它在实际生活中既有典型性又有普遍意义,因此,人们在这种变换中,总结出这句"家趁万贯,不如薄技在身"的俗语,用来警示世人,有所省察。

俗语智慧

家趁万贯,如果不劳而食,身无所长,到头来只能是水尽山穷,陷入困境受饥寒之苦。与此相反,有薄技在身,可为立身之本而衣食无虞。从表面上看,万贯家财和一技之长,一时之间两者难以比拟,但从长远虑及生活之道,它们又会产生不同的结果。

三

家庭生活篇

　　家庭虽小，撑起一个家却并不容易；家里人虽少，是非得失却永远计较不完。经营好一个家庭，需要的是最高的品质、最大的气量和最高明的智慧。唯其如此，前人有关家庭生活的心得也就格外多，也格外精要。

 ## 053. 白眼狼，娶了媳妇忘了娘

白眼狼，比喻忘恩负义的人。是说那些一旦娶妻生子、自立门户，就把爹娘的养育之恩忘掉的人就像白眼狼一样。

古时候有个传说：一位年轻女子结婚后刚刚怀有身孕，丈夫就因病不幸去世。她守节不嫁，一心一意要把遗腹子抚养成人。苦熬苦撑十几年后，好不容易把孩子拉扯大，紧接着又给儿子娶了媳妇成了家。俗话说"养儿防老"，她指望到了晚年，无力劳作之时，儿子能对她悉心照

顾，报答养育之恩。没想到她的儿子毫不顾念她是怎样含辛茹苦地把他带大，帮他成家立业，不仅对她冷漠无情，就连三餐粥饭也不能按时供给，邻里乡亲都很看不过去，但她的儿子却并不感到愧疚，依然我行我素，因而人们在背地里说他是"白眼狼，娶了媳妇忘了娘"。此后，这句话成为俗语流传开来，用它来比喻和讥讽那些忘恩负义之人的言行表现。

亲情，是一种无法割断的血缘之情。乌鸦尚有反哺之义，何况是作为万物灵长的人呢？为此，在这里引用刘绍棠先生几句净化心灵的话："人人有少亦有老，人人做儿也做父。家家有老人，人人都会老。这敬老，也应像接力赛一样，一代传一代。今天，愿天下所有的儿女都争做孝子，愿所有的老人都有子孝。"

俗语智慧

自古至今之所以有为数不少的白眼狼存在，就是因为在这些人的价值观中利益战胜了亲情。对于这种人，只有像对过街老鼠一样人人喊打才行。

054. 不养儿不知父母恩

自己不亲自生养抚育子女，便不能真切体会父母的养育之恩。

儿女对父母之爱虽然是心感身受，但本人未做父母之前，没有育养生命的亲身经历与体会，总是难以真正理解父母之爱。但是，等到自己做了父母有了儿女之后，就会像父母育养自己一样，去养育与爱抚自己的儿女，也只有在这个时候，才对自己父母的养育之恩，有了更深切的感受，虽然不能说是"恍然大悟"，但在理解与感知上是更深一层，更贴近一步的。

张老汉儿媳专横跋扈，他只好远远地躲开，另觅一间小屋独居。

村子里常闹贼。一天深夜，他听见街上似乎有人嚷嚷谁家的猪丢了，于是心里七上八下，胡思乱想。他到底睡不踏实，就爬起来，摸黑绕过村子里的一条大街，两个小巷，摸到儿子家屋后的猪圈里，用手摸摸又听听，两头大猪哼哼着都在，几个猪娃娃哼哼唧唧地也都在，才放心。

回去的路上，他突然想起了几年前去世的被他视为麻烦的老母亲——她是那样可笑：吃饭的时候即使有客人在，她也要把肉挑出来给儿子，丝毫不理会儿子的呵斥！

那总是挂念他的老母亲呀！静悄悄的夜里他终于流下了老泪！

"哀哀父母，生我劬劳"，父母之爱是最无私的，为人子者怎能不时时顾念父母之恩，多孝敬父母。孝是中华传统伦理的基础，因了这份情感，炎黄子孙的人生才得以幸福、充实。

俗语智慧

父母之恩不是无以回报或报答不尽，只要能尽到做儿女应该尽到的责任和义务，应该有的关心与尊敬，也就可以说是知恩不忘报了。

三、家庭生活篇

055. 不愿金玉贵，但愿子孙贤

宁愿得不到黄金珠玉般宝贵的财物，而希望子孙贤良孝顺。本句喻指子孙品格和道德的树立远比财物的获得更为重要。

　　黄金与美玉都是昂贵和珍稀之物，人们在自己的生活中自然希望享有这样的财宝。这是人之常情。但是金玉虽贵如要与子孙贤良相比，后者更为可贵、更为重要。因为金玉的有无，并不一定影响原有的家庭境况，但是子孙贤与不贤，则关系到家世的兴旺或衰败，名声的显扬或低微。

林则徐曾说过：子孙若肖我，留财做什么？子孙若不肖，财多反害其身。

古往今来，多少人生前节衣缩食，克勤克俭，只为给儿女留下一笔遗产。可在他死后，子女或为分财动武、或吃喝嫖赌、挥霍殆尽，终成败家子。其实，对父母来说最重要的不是为子女赚取金银财宝，而是培养他们的道德学问和技能修养。

俗语智慧

这句俗语中"贤"字的含义，是有德行，有才能，以此来制约与规范子孙为人做事的思想言行。希望并要求他们的子孙后代能为善而不为恶，不会悖逆事理人情而能安常处顺，不会为金钱所惑，名利所动，产生非分之想。

这句俗语使人能着眼于未来，虑及子孙的教育和成长。因为即使金玉满堂，如果后世子孙都是不肖子弟，归根结底也还是最大的伤痛和悲哀。如果后世子孙贤良明理，就能守成在前，创业于后，解除了先人的后顾之忧。所以贵重的金玉和贤能的子孙，两相对比，它们的利害得失，孰轻孰重自然是不言而喻。

056. 秤杆离不开秤砣，老头离不开老婆

秤杆是一杆秤的组成部分，它是用质地坚硬的木棍制成。上面镶着计量的秤星，秤砣也叫秤锤，是称物品时用来使秤杆平衡的金属锤。秤杆和秤砣，两者构成一个整体，互相为用，缺一不可，因为秤杆离开秤砣就不能称出东西的多少或轻重。比喻老头和老婆之间，在感情和生活上的关系，正如秤杆和秤砣两者合一，密切得不能分开。

老年夫妻，年轻时结合在一起，经历了几十年生活中的风风雨雨，他们携手并肩，相濡以沫，到了迟暮之年更是相互为伴，相互搀扶。这种朝夕相依谁也离不开谁的思想感情，凝结在两个人的心中，

正像人们常常称道的"少是夫妻老是伴"。

常言说："恩爱莫过于夫妻。"尤其是老年夫妻，情与爱的积累是更深更重，在儿女逐渐长大离家后，老年夫妻在家庭生活中，更需要有感情上的寄托与安慰，如果老头或者老婆其中一人，先谢世而去，另外一个就会陷入无尽的孤独中，自然会产生倾诉不尽的寂寞与惆怅，尽管有其他亲人的照顾，但也绝对不如以往常在身边的相依为命的伴侣，在饮食起居等各个方面照顾的体贴入微。所以不管老年夫妻的哪一方，心里总是热切地期望两个人由始到终，能够白头偕老，长相厮守。

俗语智慧

这句俗语从语言的形式上形象、生动，从内涵上则体现了中国传统文化根植于日常生活的生命力。

057. 吃不穷，穿不穷，算计不到就受穷

日常生活中吃得好点、穿得好点，不会让你因此而受穷，但如果过日子浑浑噩噩，不知算入计出，那就只有受穷的份儿了。

旧时，两对成婚不久的小夫妻搬到了同一条巷子居住，左边的开了一家油店，右边的开了一家盐店，两家日常收入都差不多，但三年

后两户人家却出现了贫富之别,卖油的富的流油,卖盐的借了不少外债。原来卖盐的夫妻挣了钱后,每天大手大脚地花钱,看见什么买什么,从来不想攒点钱。而卖油的小夫妻却颇有算计:每日的盈余都清点好,留足家用后全部存起来,因此日子越来越红火。后来人们根据这件事就总结出这句"吃不穷、穿不穷,算计不到就受穷"的俗语。

句中的"穷"字,表示生活境况困窘,"算计"一词,表示计划和筹谋的意思,它突出地说明在穷与不穷的问题上,"算计"起着非常关键的作用。俗语的前两个无主分句:"吃不穷,穿不穷"是泛指,点明只要有正当而固定的收入,那正常的吃喝穿戴方面的生活消费,不会出现任何困难;后一个分句:"算计不到就受穷",则阐释出"穷"的根由所在。

例如一个家庭的生活用度,如果能精打细算,量入为出,不仅温饱无忧,可能还会有节余和积蓄,这样长年累月坚持下来,自然地会成为丰衣足食的富裕之家。然而若与此相反,居家过日子不会操持,毫无计划并大手大脚,浪费和滥用足以维持开销的收入,每月都入不敷出,久而久之,自然会处于"山穷水尽"之窘境,过受穷的日子了。

又如一个企业的经营者,如果善于筹谋,善于理财,对市场形势变化了如指掌，又能超前地预测一些发展趋势，对内有章法可循，其结果自然会兴旺发达，财运亨通。反之，只能是亏损，直至关门倒闭。

俗语智慧

归根结底，算计与不算计，算计周密与疏忽，说明利弊的得失非常清楚，所以这句"吃不穷，穿不穷，算计不到就受穷"的俗语，确是至理名言。

058. 痴心女子负心汉

这句俗语指出了人们感情生活中的一种现象：女子对心上人痴心不已，而与之相对应，男子早已成了移情别恋的负心郎。

这句俗语中有褒有贬，褒的是痴心女子，贬的是负心汉，表达出十分鲜明的爱与憎。这句俗语，真像一条夹带着许多污泥的浊水，在几千年的历史长河中不断地流淌。

反映古代民风民俗的第一部诗歌总集《诗经》中，有些篇章描述了男女爱情方面的悲欢离合。例如：卫风中的《氓》，就是一首弃妇自诉婚姻悲剧的长诗。诗中写了女子婚前对所爱男子的热恋，又写出婚后一段生活的甜蜜，继而是忧伤地叙述了男子负心移情别恋，对她

的虐待和她被遗弃的悲苦。

　　历史在不断地发展,时代几经沧桑变化,但女子依然"衣带渐宽终不悔";男子还是"一般模样负神明"。究其根源,自然是与每个人做人的品格高尚或低下有关。例如:《孔雀东南飞》中男女主人公焦仲卿与刘兰芝,虽然封建礼教制造了他们的爱情悲剧,但他们却仍对彼此忠贞不渝,留下了美好的传说。与此相反,明代白话小说《杜十娘怒沉百宝箱》中的男主人公,虽然开始时信誓旦旦,到头来却负心背义,令杜十娘悲愤地投江自尽,给世人留下了反面的鉴戒。

　　社会生活中,在男女爱情方面,存在着许许多多正面或反面的借鉴,自然有主流,也有逆流。关键就在于人本身如何对待感情方面的问题。感情真挚与专一,就不会见异思迁或为人所惑。如果生性浮浪,为人轻薄,势必会始乱终弃,毁人一生。

　　不过还是引用《氓》里的一句话来告诫恋爱中的女子:"吁嗟女兮,无与士耽,士之耽兮,犹可说也,女之耽兮,不可说也。"所以即使爱情再让人迷醉,女子也还是应该保持适度的清醒。

> **俗语智慧**
>
> 时至今日，有的人一旦有了金钱或权势，就使原来的思想感情发生质变，有的人还恬不知耻地说什么感情不能勉强，谁都有个人的自由。既然如此，当初的追求与纠缠，对人家的海誓山盟，怎么能时过境迁就消失得无影无踪？因此正告一句：爱情上的不负责任，所谓"自由取舍"，这种丑恶的、为人蔑视的亏心事，还是不做为好。

059. 儿不嫌母丑，狗不嫌家贫

儿子不应该嫌弃母亲长得丑，（因为）连狗都不嫌弃主人家里的贫穷。

在子女的眼睛里，母亲永远是最慈祥、最美丽的，无论母亲的面相如何。这是因为母亲生我养我，为子女不辞辛劳，母子间有着血浓于水的亲情。母亲永远是最可亲最可敬的。养狗的人家，无论家境怎样贫穷，狗也不会背离主人，因为主人供给它食物，让它有个安息之所，所以狗宁肯忍受饥寒也会忠于主人。

"儿不嫌母丑"，是因为儿女从来都把母亲看成最亲最爱的人，儿女的纯真感情，自然地体现在对母亲的孝顺与敬爱之上。头脑之中，

永远不会搀杂进来与他们对母亲孝敬相悖的想法。比如有人深情地说:"我可以什么都没有,但不能没有自己亲爱的母亲。"这是做儿女的自然天性,永远不能够动摇。

"狗不嫌家贫",是出于它忠于主人的本性。比如狗见着生人会狂吠不止,用以报警;即使主人有时迁怒于它,它也任凭主人打骂,低着头,夹着尾巴甘愿忍受。一旦有坏人侵扰或家中发生什么祸事,狗会拼出性命保护主人的安全,"义犬救主"的故事时有发生,说明狗对饲养它的主人的忠义本性,永远不会改变。

俗语智慧

这句俗语是在点明:如果有的人对于自己的母亲不孝不敬,有所嫌弃,那他就连一只看家的狗都不如了。

060. 儿大不由爷,女大不由娘

句中的"爷"字,是方言,指对父亲的称谓。"由"字表示听从或顺随的意思。"儿大不由爷,女大不由娘"是一句含有结论性的民间俗语,意思是说儿女一旦长大成人,有了独立的思想,父母便做不了他(她)的主。

首先应该看到这句俗语由来已久,有着时代思想的烙印。时至今日,如果以这句俗语的含义来评论是非曲直,必须从父母儿女两个方面来考虑,已经不能单从其中某一方面,笼统地一概而论。换句话说,要根据实际的具体情况,进行具体分析才能合乎情理,才能得出公正的论断。

儿女长大之后,逐渐脱离对父母的依附,并且对周围的事物,由感性认识到理性认识,逐渐地形成自己的思想意识和性格,有了自己的生活内容,因此父母儿女两代人之间,常常会对一些事物或问题持有不同的看法,因此常会发生一些争论或分歧,这也就是我们常说的代沟了。

例如:在婚姻问题上,父母受传统礼教的影响,认为男婚女嫁应该多听老人的意见,儿女不能自作主张,而儿女则认为婚姻应由自己选择婚配对象,父母不能横加干涉。年轻人普遍都认为自己的观念是民主的,父母的思想意志不能再强加在儿女身上,对此,父母常常产生"儿大不由爷,女大不由娘"的慨叹。

又如:现在有些青年男女,不立志,不图上进,在生活上完全依赖父母,但在行为上则不受约束自行其是,甚至染上恶习趋向堕落。每当父母对其劝诫或训诲时,他们有的不以为然,有的更是桀骜不驯,父母对此只能说出"儿大不由爷,女大不由娘",用这句俗语表示他们的无可奈何。

父母的希望与见解合乎情理,儿女应该听取或接受,表示对父母的敬重,如果不尽如人意,可以解释开导,避免走上极端伤害父母的感情。

俗语智慧

"儿大不由爷,女大不由娘"实际上是一种自然规律,在这里一个"由"字显示出"爷娘"对儿女控制的意愿,如果"爷娘"们能换一种思路,儿女长大了,给他一个相对独立的空间,不是更好吗?

061. 棍棒出孝子，恩养无义儿

严格管教出来的孩子，长大了往往是孝子，而娇生惯养的孩子长大了更容易成为不孝之子。

这句俗话由来已久，并常常被一些人所称道，也被认为有它一定的道理。追溯起来，这句话传播至今，有它的历史根源。封建社会宣扬的是孔孟之道，讲究的是君臣父子之礼，如果对此稍有悖谬就是大逆和不肖。为父者至尊至上，为子者至卑至下，二者之间当然讲不得什么民主与平等，后者只能是惟言是听，惟命是从，否则，轻则受到斥责训诫，重则棍棒相加给以惩治，这种"教子"方法让人实在不敢恭维。其实真正的孝子并不是也不可能是用棍棒打出来的。但其中透露出的对子女要严格要求，不能纵容娇惯的思想还是值得肯定的。

"恩养愚儿（无义儿）"这句话，仍然有它现实的警示作用。"恩"字的本义是亲爱、有情义。现在的孩子一般都是独生子女，父母视之如珠如宝。所以有些家庭中的父母，对孩子往往不能严格地要求、正确地引导，反而一味地娇惯溺爱，无原则地宽容宠信，甚至是放纵孩子为所欲为。结果孩子渐渐变得不明事理，冥顽不灵，更为严重的是稍加劝导或责怪，轻则产生逆反心理，桀骜不驯；重则牙眼相报，反目成仇。这样的孩子长大后只懂得对家庭对社会索取，却不懂得付出，所以父母对孩子过分溺爱只会贻误孩子终生。

俗语智慧

以"恩"养"愚"，这样的失误与沉痛的教训，对一个家庭是无法挽回的不幸，对社会与国家更是一种忧患。因此，它在告诫人们：应该在切身的生活体验与实践中，不能视为等闲。古人说"冰冻三尺非一日之寒"，又说"防患于未然"是值得发人深思、深省，不能不慎之、戒之。既然能有恩于自己的子女，但千万不能自食放纵之"愚"的苦果。

062. 几亩地,一头牛,孩子老婆热炕头

有几亩地、一头牛用来种田谋生;回到家里坐在热炕头上与老婆孩子说说笑笑,其乐融融。

村外,一位农民正在自己的几亩土地上辛勤劳动,黄昏到来,他牵着耕牛一同回家,进门之后,倚坐在暖烘烘的炕上,和老婆孩子一块吃上一顿有汤有水的饭菜,此情此景让他觉得分外满足。上面的描述,显现出农户人家自给自足的生活场景。这是在旧社会普普通通的老百姓,梦寐以求的生活。因此,人们把这种热切的希望编成"几亩地,一头牛,孩子老婆热炕头"这句俗语。

任何一种事物或一种思想观念都有它存在的历史背景。小农的自然经济,科学文化相对落后,尤其是来自财主老爷们的剥削和压迫,更让人追求这种没有饥寒之虞的自给自足的生活。

这句俗语,也反映出人们一定的保守意识,他们的愿望受到了时代的制约,带有不能超越现实的思想局限,这种简单的生活就已经能给他们带来最大的满足。

俗语智慧

这句表现了淳厚民意民风的俗语,也随着时代的发展变化,逐渐从人们的思想观念中淡化和消失,并且正在为求得更高质量,更富裕的生活层次的实现而倾尽心力。

063. 家有贤妻，男人不做横事

句中的"贤"字，指作为妻子要有品德，"横事"指代凶暴之事或意外的灾祸。这句俗语突出地表明妻子贤与不贤在自家生活中，会产生不可低估的作用。

一个家庭首先是由夫妻二人组合而成，一个比较和睦美满的家庭，更是由于夫妻二人情意相投，事事默契，用古人的话说是"夫唱妇随"而成。丈夫主外谋求一家的衣食温饱；妻子主内相夫教子，操持家务，两人同心协力使家庭生活过得红红火火，充满幸福欢娱，这也是人们一致的要求和期望。

例如：过去有一出名为"打狗劝夫"的戏本，内容是叙述一户家道殷实人家，有兄弟二人，本应处得亲密无间，但兄弟之间却很生分地不相往来，主要是弟弟平常行为不检，在外结交一些不三不四的酒肉朋友，妻子虽然多次规劝，丈夫却依然我行我素。妻子出于无奈，设法给一条死去的黑狗，穿上男人的衣服，装进布袋放在自家门前，等到晚间丈夫酒醉归来，告知门外布袋之中有一具男人尸体，被人放在门前，为了免吃官司，必须移到别处。丈夫在惊慌之中，去求助平日交好的朋友帮忙，结果没有一个人肯于出来相助，都怕受到连累，最后还是他的兄长亲自把尸体背到郊外掩埋了事。此时弟弟才醒悟，只有自己的手足亲人肯于冒着风险，帮他排忧解难。从此他与兄长言归于好。此段戏文内容说明贤德知礼的妻子，在家庭生活中起到了贤内助的作用。如果妻子任丈夫为所欲为，那丈夫就很容易走上邪路。

三、家庭生活篇

俗语智慧

这句俗语现今仍然有一定的警示与教育作用，比如有人贪污受贿，主要是由于自身的欲壑难填，到头来罪有应得，但有的则是其"夫人"作祟其中，难辞其咎。据说有的位高权重的"丈夫"开始还有戒心并未涉嫌犯罪，却由于他的"夫人"贪财爱物而被拉下了水。他的"夫人"在家里乐于接受不义之财，甚至特意在客厅门内放置一个接受外人"赠送"财物的礼品箱。如果这位妻子能够认识到知法犯法的利害，防患于未然，也许丈夫就不会陷入法网，沦为阶下之囚。可见妻子的贤淑关系到一个家庭的安危。

064. 嫁出去的女，泼出去的水

旧社会把出嫁的女子，比喻成泼出门的水。从子嗣承继的关系来说，女孩子虽然是父母的亲生骨肉，但终究在长大成人之后，要出嫁而成为外姓人家的人。女大当嫁是天经地义的事情，也是女子一生的归宿，尽管表面上还保留着固有的血缘关系，实际上却是由十分亲密渐渐地走向疏远，像水一样已经泼出门外了。

封建礼教要求女子三从：在家从父（无父从兄），出嫁从夫，夫死

从子。可以说旧时的女子，无论在娘家或婆家，只有孝顺和侍奉老人，照顾丈夫，抚育子女的责任和义务，却没有自己的权利和地位。即使按照礼数，一年之中有几次能归宁省亲，也只是向父母问候安好，住上几日，在家人的眼中，这嫁出去的女儿已经是外姓人了，家里的事不会让她参与，而她的死活也与自己毫不相干。

　　古时有个女子，十七岁出嫁，婚后三年仍未有孩子。于是婆婆、丈夫就对她百般刁难，后来又对她朝打暮骂，这名女子求告无门只得苦忍着。一年之后，婆婆又给儿子新娶了房妾室，喜新厌旧的丈夫就以"无子"为名将这个女子休弃了。当她哭哭啼啼回到娘家时，娘家人又将她推出了门，理由是"嫁出去的女儿，泼出去的水，这已经不是你的家了！"最后这个走投无路的女子只得投江自尽了！

　　古时人们重男轻女，认为"养儿可以防老"，"养女迟早是人家的人"。但现在法律已明确规定：女儿也有赡养老人的义务，换句话说生儿生女都一样。女儿也不再是泼出去的水，而是亲亲热热的一家人了。

> **俗语智慧**
>
> 时至今日，这种迂腐的思想观念，已经被新的时代风气所替代，在人们的头脑中，男女平等的观念逐步树立起来，尤其是妇女的权利更受到法律的维护，体现出妇女的真正自由与民主，泼出门的水已经成为历史的陈迹。

065. 嫁汉，嫁汉，穿衣吃饭

嫁给丈夫（意味着什么），也就是一辈子穿衣吃饭有了个依靠。

旧社会，女孩子长到十七八岁的时候，就要根据自家以及个人的情况，通过媒人的穿针引线，嫁给一个年貌基本相当的男人，做了人家的媳妇。从此以后，穿衣吃饭的问题就算有了依靠，当然她要在家务劳动中，与她的男人共同支撑家庭的生活负担。那时在普通的平民百姓中间，家家户户的女孩子都是如此，于是自然地形成一句："嫁汉，嫁汉，穿衣吃饭。"的俗语。

这句俗语，实际上揭示了那时候普通人家的妇女没有权利，没有地位，不能独立自主的处境。

旧时男尊女卑，女子必须严守三从四德，不得随意抛头露面，所以只能附属于男人穿衣吃饭。俗语反映出旧时妇女的依附性，比起成年累月用劳动血汗养家糊口的男人，她们的地位又低了一等。对这些只能围着锅台转的女人来说，所谓的自由，就是侍奉和照顾一家老小；所谓的希望，就是衣食温饱和一生平安。如果有其他的奢求和愿望，那就是在痴人说梦了。

俗语智慧

这种已经固定了的生活模式，有如一潭不起波澜的死水，一直延续了几千年。今天，随着社会的发展和变革，妇女的地位权利有了新的内容，新的起点。

066. 捆绑不是夫妻

以捆绑的形式硬凑成的婚姻不会天长地久，现在也用来比喻合作双方应以自愿为原则，勉为其难的合作不会长久。

封建社会中的男婚女嫁是由媒妁之言、父母之命来安排的，男女在婚前从未见过一面，只要父母同意、八字相合就被迫结婚。夫妻间根本没有任何感情基础，就被硬生生地绑到了一起，这样的婚姻很少有幸福的。

美好的婚姻关系，是由相识、相知，进而建立在纯洁与忠诚的爱情基础之上的，有共同语言，共同的理想追求，同心相结。这样的夫妻关

三、家庭生活篇

系，比世界上任何绳索的捆绑都更牢靠。

现代社会已经不存在封建的包办婚姻，所以人们常用这句话比喻不情不愿的合作难以成功。

> **俗语智慧**
>
> 这句俗语的引申义也常被使用，即合作双方不能强拉硬拽，有句俗话叫强扭的瓜不甜，说的也是这个道理。

067. 清官难断家务事

再清正廉明的官员也难以审断复杂的家务事。

过去一户人家常常是两代人或三代人共同生活在一起，有的大户人家更要讲究几世同堂，以此显得家风淳厚，家庭和睦同心。但是在团结祥和的背后，也常常会产生种种纠纷和矛盾。这是由于家庭人口多，人们的修养、性格、爱好志趣不同。比如父母与子女之间、兄弟姊妹之间、妯娌之间、各自的子女之间等等，由于思想感情的隔阂或摩擦而引发的争议或争端，实在是在所难免。

"家务事"是指家里的一些事务，一般来说，由此而产生的纠纷与矛盾，并不是指大是大非，而是那些细琐之事。比如彼此之间关系的远近亲疏，个人的偏私，人与人之间的隔阂或成见，以及说长道短的口舌

是非等等。

常言说："公说公有理，婆说婆有理。"家务事真的很难明断曲直，所以多少年来就流传着这句"清官难断家务事"的俗语。

"家务事"不是可以以事实为根据，依法裁决的刑事案件，所以即使是一位清正廉明的官吏，也很难插手或介入一般的家务事引发的内部纠纷之中。"清官难断"也不是有意夸张，只不过是强调"家务事"的复杂。

俗语智慧

家务事中发生的纠葛，它局限于教育、劝诫和调解范围，何况有理常在，无理难存。有道是一碗清水即使不能端平，也是澄清见底；一碗浑水即使端得再平，还是混浊不清。

068. 兄弟同心，黄土变成金

兄弟之间只要同心同德，就连黄土变成金子这样的事也能办得到。

"黄土变成金"，听起来似乎是一个传奇故事，因为任何时候的任何人，确实不会真的看到哪块黄土变成金子，但这句形象的比喻，却蕴含着极为深刻而感人的寓意：兄弟只要同心协力，就没有什么事情是做不到的。

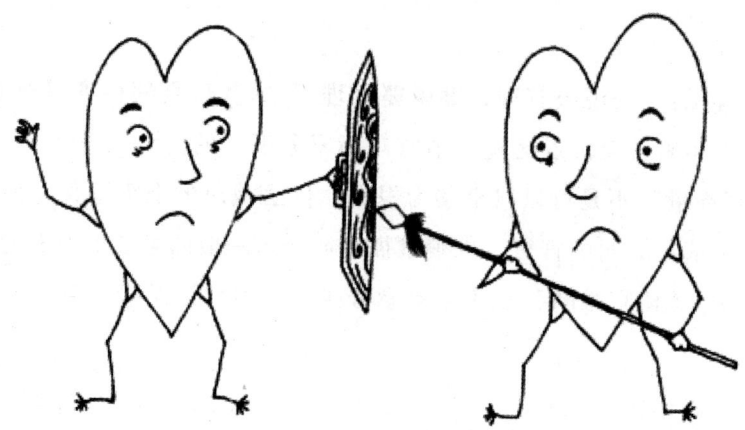

古时候某地有一家豆腐店，生意很兴旺，后来老人死了就把豆腐店留给了两个儿子。没想到这两个儿子却为了一点钱吵了起来，接着就分了家，豆腐店也濒临倒闭了。有一天哥哥听说南山外有人拥有制豆腐的秘方，就决定去求取，弟弟知道了这件事也随后跟了去。当他们走到山顶时，看见那里有一只九头怪兽正在吃东西，九个头争来抢去，每个头上都鲜血淋漓，兄弟二人看到这种情况不禁想到了自己，一母同胞的兄弟却骨肉相残，又何异于这只九头怪兽，于是兄弟二人和好如初，找到了秘方后，豆腐店的生意也变得红火起来。

常言说"打虎需要亲兄弟",这句话是在说明:面对凶猛的老虎,只有亲兄弟上阵才能不顾及个人的安危,互相帮助,把老虎打死或制服。

俗语智慧

这句俗语突出了"同心"的至关重要的作用与意义,并表明它的难能可贵。从中也可以理解到它的言外之意:并不是所有的兄弟之间,会自然地结成"同心"。事实证明,有的兄弟之间能和睦相处,有的由于各有所好或志向不同而往来疏远,甚至因为一些利害得失而反目。因此,才有了这句"兄弟同心,黄土变成金"的俗语,作为劝导和忠告。

069. 丑妻近地家中宝

妻子的容貌长得丑陋,耕种的土地就在自家附近,这对一个自食其力的小户人家,都成为家中之宝。这句俗语是以男耕女织的小农经济为特定背景的。

关于"近地"为宝之说不难理解,它确实给生产劳作带来许许多多的便利,比如一年四季的春种、夏锄、秋收和冬藏,都能节省下来很多时间和精力,也能因此增加一些收入,这对于一个小户人家,是难得的好处。

至于丑妻是家中之宝,这同旧时社会的黑暗,有着不可分割的联系。一个小户人家的妇女必然要参与家里家外的一些劳作,免不了抛头露面地

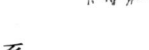

与外界接触。如果人长得丑陋，却是可以无忧无虑，不会引起权势人家不肖子弟的觊觎之心，一家人能过上太平日子。与此相反，假如妻子长得美丽，一旦被坏人或恶棍盯上，就容易成为灾祸的根苗。有的会受到轻薄和侮辱；有的则遭遇强抢或霸占之险，酿成一生的悲剧。

《水浒传》中，林冲是八十万禁军教头，身为中级官吏，只因他的妻子长得美貌，被高太尉之子高衙内看中，妄想占为己有，林冲便被诬害，招致家破人亡，最后走投无路而逼上梁山。

这句俗语也可视为是对"红颜女子多薄命"的注解。当一个人没有保护自己的能力时，美好的东西带给他的就不再是幸福而是灾祸。

俗语智慧

常言说：爱美之心，人皆有之。但在那尊生罪恶的旧社会，却要以娶丑妻为家中之宝，可以说明人们的心态被扭曲到何种地步。今天，这句俗语已经时过境迁。但写出旧社会黑暗的一笔会使人在新旧社会的对比之中，看得更加分明。

070. 出门一把锁，进门一盏灯

外出时以一把锁为自己看守家门，晚上回到家里则只有一盏孤灯相陪。这句俗语形象地道出了一个人生活的孤寂和清冷。

出门用锁头把门锁上，因为屋里没有看家的人；进门之后，只有盏孤灯，再也没有人做好热饭菜欢迎他回家，陪伴他的只有一屋凄清。这句俗语被用来形容一些老人晚年生活的苦涩。

古时,扬州高邮有一对夫妇,他们生养了九个儿女,各自嫁娶后,家中就剩下了一对老人,没几年,妻子又去世了,就只留下老汉一人,出门一把锁,进门一盏灯,几个儿子隔一段时间会送来钱粮,老人衣食不愁,却仍觉得日子难过,过了一段时间,他竟因此得病,不久就郁郁而终了。

社会上有些青年人,他们无法体会"空巢"老人的寂寞和感伤,总以为给老人足够的钱,让老人吃好喝好就行了。其实老人最需要的是子女的关怀,是共享天伦的温暖与安慰。中国已步入老龄化社会,老人的孤独已成为了社会问题,希望为人子女者都能给自己的父母多些关心与照顾,或者有可能或有条件的,主动地帮助老人,尽量不让老人一个人在生活中,尤其是在感情生活上孤寂与失落下去。

俗语智慧

常常听到人们对青年人在爱情上祝愿的话:愿天下有情人终成眷属,现在再补上一句对老年人祝愿的话:愿天下老人都不再孤寂。

071. 儿行千里母担忧,母行千里儿不愁

儿子出远门做母亲的总要担心忧虑,而反过来母亲远行时做儿子的却大多不挂在心上,这句俗语反映出两代人对待母子亲情的不同态度。

　　古时候，人们把千里路看成是非常遥远的路程。"千里"几乎成为遥远的代名词了。这是因为当时的交通十分不便：隔山隔水，道路也不通畅；又没有什么快捷的交通工具。

　　那时候，有的人活一辈子没有出过山，没有离过水，活动范围仅仅局限于自己的家和它的周围。所以一旦子女外出谋求生计，家中的母亲无不时时刻刻惦念自己的儿子，生怕他不幸患上疾病或挨饿受冻。这伟大的母爱，这拳拳的慈母之心，在实际生活中形成了这句俗语中的前句："儿行千百母担忧。"我国东北辽宁省南部地区有座"望儿山"，传说一位年老的母亲，盼望儿子平安归来，每天都要到山上，望着大海，天长日久，老人家站在山上变成了一尊石像，此山因此而得名。

　　虽然现代的交通与通讯都十分发达便利，万里之外，都能沟通母子之间的呼唤与应答，但所有的母亲，依然与古时候的母亲一样对子女的远行放心不下。

　　俗语都来源于生活，这句俗语中的后句："母行千里儿不愁。"是现代人根据前句表达的含义，续接的一句，这样前后两句形成了极其鲜明的对照。不过前句可以概括普天之下所有母亲的情怀，表达出慈母的爱子之心；后句则不能代表天下所有的儿女。续上这句话，其侧重点是：教诲与劝勉，在于感恩图报，而不尽在嘲讽。促使为人子女者多加反思。

俗语智慧

唐代著名诗人孟郊写的《游子吟》中最后反问的两句是："谁言寸草心，报得三春晖。"意思是：对于春天阳光般厚博的母爱，谁说区区小草似的儿女心，能报答父母恩情于万一呢。作者这首诗是母爱的颂歌，也是在唤起普天之下的儿女，亲切的联想和诚挚的忆念。

072. 寡妇门前是非多

死去丈夫的女子被称作寡妇，句中的"是非"指的是发生的非议或纠纷，这句俗语是指寡妇的特定身份，既容易招惹屑小的图谋，也更容易招人猜疑。

封建礼教首先是要求寡妇遵守"从一而终"的妇道，即所谓的"烈女不嫁二夫"，在感情失落中过着孤寂的生活。其次要有意回避人前身后，免得招来闲言碎语，如果与男人有所往来，即使是正常的交往，也会遭到非议或指责，产生所谓的"是非"，她不能分辩与抗争，只能饮恨过着煎熬般的艰难日子。封建的伦理道德，压在她头上的神权、夫权，像一条打不开的精神枷锁，桎梏着寡妇的思想感情，永远不能得到解脱。

旧时江浙地区有一个邵姓女子，成亲不过两年，丈夫就患风寒死去，成了寡妇后，婆家对她看管很严。有一次家里的长工不小心把水洒在她身上，两人说了几句话，就被婆婆说成是不守妇道，到处都是关于她的风言风语，连下人都用异样的眼光看她，后来她只好在深夜里跳井自杀了。

俗语智慧

如今现实生活中的"寡妇"已今非昔比，完全能抬起头来走路，更有权利寻得生活幸福和感情的归宿。即使封建礼教的余毒，有时还作祟于人，但毕竟已成为阳光下的冰雪，渐渐地消融在人们公允的愿望之中。

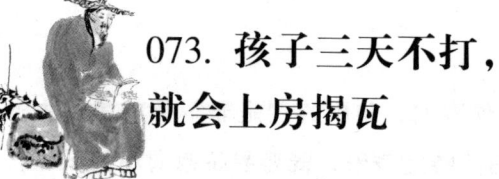

073. 孩子三天不打，就会上房揭瓦

家里的孩子间隔三天没有打骂，就会干出上房揭瓦这样出格的事情。

过去，一些普通人家的孩子，由于大人忙于生计，无暇顾及对他们的教育。孩子们天真活泼，幼小无知而不谙世事，自然是免不了在无牵无挂、无拘无束之时，贪玩好动，打闹嬉戏，做出些调皮淘气、招猫逗狗，甚至不小心损毁器物的事情，一旦惹得父母恼怒，父母就采用打的手段进行责罚。使其畏惧，使其顺从听话。这些施行家庭暴力的大人错误地认为：不打不成人，不打不成才，打才能打出个好孩子来，因此，

极力主张这种观念的人，形成一句"孩子三天不打，就会上房揭瓦"的俗语，来证明对孩子要经常打骂的必要。归结起来，这是他们头脑中封建意识的反映，他们把子女当成父母的私有财产，生杀予夺皆在父母手中，孩子稍有背离就是大逆不道，就要行使"打"的特权来压服童心未泯的孩子。

现代教育学证明，对孩子使用暴力有百害而无一利，因为教育无方，会招致不该发生而发生的忧患后果。孩子经常挨打，他（她）在感情与心灵上会受到极大的创伤，自尊和人格也受到伤害与侮辱。另外，一些常常挨打的孩子会变得老实无能，遇事缺少主见而无所适从，成为一只迷途的羔羊。此外，有的孩子由于在暴力之下生活，心中装满怨恨，自暴自弃，甚至丧失良知走上邪路。

现在的父母大都戒掉了这种打孩子的陋习，但是他们又开始走向了另一个极端——溺爱与娇惯。孩子都变成了"小皇帝"、"小祖宗"，不仅打不得，也是说不得、碰不得的。这样的孩子往往容易自私自利，心中只装着自己。

俗语智慧

古人说:"玉不琢不成器,人不学不知理。"这琢与学绝不是实不足取的"打"或"惯"。家庭既是儿童的生活摇篮,也是接受教育的课堂,绝不能掉以轻心,在他们健康成长的过程中,要动之以情,晓之以理,规范他们的言行。只有这样,才能使他们肩负起未来的历史使命,真正成为家庭、社会和国家的希望。

四

人际交往篇

　　人际关系是一面镜子，可以照出一个人的方方面面。对于人际关系的处理方式，决定着身边形成一个什么样的人际环境。但是人际关系又是一个十分复杂的问题，需要高度的技巧和涵养才能处理好。

074. 打人别打脸，揭人别揭短

因为脸关涉荣辱，所以打人不要打脸，（因为越是短处越为人所忌讳）所以指责别人不要拿他的短处说三道四。

常言说："人有脸，树有皮。"树要是没有皮就等于死亡；人要是没有脸就等于丧失了名誉和自尊，从此难以做人。所以说"打人别打脸"。即使"打脸"仅仅使脸的皮肉受伤，也是破了面相，非常难看不好见人。如果这"打脸"还意味着使其内心受到严重伤害，在人前把"脸丢尽"，那就更让人难堪而无地自容了。

句中的"揭短"，指揭露别人的短处。"短处"有两层意思：一是指人的缺点毛病，二是指个人心灵上的隐私，或是已经补救的某种过失或缺欠。"打脸"或"揭短"将损害别人的尊严，伤人至深。

在茂密的山林里，一位樵夫救了一只小熊，母熊对樵夫感激不尽。有一天樵夫迷路借宿到熊窝，母熊安排他住宿，还以丰盛的晚餐款待了他。翌日清晨，樵夫对母熊说："你招待得很周到，但我唯一不喜欢的地方就是你身上的那股臭味。"母熊心里怏怏不乐，但嘴上说："作为补偿，你用斧头砍我的头吧。"樵夫按要求做了。若干年后樵夫遇到了母熊，问它头上的伤口好了吗？母熊说："噢，那次痛了一阵子，伤口愈合后我就忘了。不过那次你说过的话，我一辈子也忘不了。"

"别打脸"不等于不给人指正缺点毛病；"别揭短"不等于护短，

而是主张采用恰当的方式方法,促使其改正自身的缺点或过失,也就是允许人犯错误,也给予人改正错误的机会。

俗语智慧

古人主张:"严于律己,宽以待人。"这是与人为善的态度。批评指正是必要的教育手段,但在必要之时,给人留有余地,留些情面,以便使其日后好做事做人。

075. 得罪一个君子，不得罪一个小人

如果有时不得不得罪人的话，宁可得罪一个正人君子，千万不要得罪那些势利的小人。

这句俗语听起来很有明哲保身的意思，但仔细斟酌也确实有一定的道理，因为君子人格高尚，小人人格卑鄙，得罪了君子，君子未必会记恨，但得罪了小人，小人却一定会想方设法地算计你。所以为人处世对君子无防范可言，但对小人则要加倍留意。

为大唐中兴立下赫赫战功的唐朝名将郭子仪，不仅在战场上战无不胜攻无不克，而且在待人处世中，还是一个特别善于对付小人的处世高手。郭子仪与小人打交道的秘诀就是"宁得罪君子，不得罪小人"。

"安史之乱"平定后，功高权重的郭子仪并不居功自傲，为防小人嫉妒，他反而比原来更加小心。有一次，郭子仪正在生病，有个叫卢杞的官员前来探望。此人乃历史上声名狼藉的奸诈小人，相貌奇丑，生就一张铁青脸、脸形宽短、鼻子扁平、两个鼻孔朝天、眼睛小得出奇，时人都把他看成是个活鬼。正因为如此，一般妇女看到他都不免掩口失笑。郭子仪听到门人的报告，立即让身边人避到一旁不要露面，他独自凭几等待。卢杞走后，姬妾们又回到病榻前问郭子仪："许多官员都来探望您的病，你从来不让我们躲避。为什么此人前来就让我们都躲起来呢？"郭子仪微笑着说："你们有所不知，这个人相貌极为丑陋而且内心又十分阴险。你们看到他万一忍不住失声发笑，那么他一定会心存嫉恨，如果此人将来掌权，我们的家族就要遭殃了。"郭子仪对这个官员太了解了，在与他打交道时做到小心谨慎。后来，这个卢杞当了宰相，极尽报复之能事，把所有以前得罪过他的人统统陷害掉，唯独对郭子仪比较尊重，没有动他一根毫毛。与此相反，历史上有传为佳话的"将相和"的故事：赵国大将廉颇居功自傲，肆意扬言欲侮辱贤臣蔺相如，但蔺相如却是一个宽容大度的君子，总以国事为重，顾全大局。对廉颇的无礼一再宽容忍让，最后廉颇在蔺相如的感召之下，亲自登门负荆请罪，二人终归和好。

可见，老祖宗留下来的这句"宁得罪君子，不得罪小人"真可谓是待人处世的至理名言。

俗语智慧

从上述事例本身可以看出：廉颇、蔺相如都是正人君子，襟怀坦荡。即使发生矛盾，也能化解。由此可见，得罪多少个君子，也无所忧惧，因为君子不会挟嫌报复。但如果得罪了小人，好人就要受苦受难。因此要十分警醒，免遭无妄之灾。

076. 各人自扫门前雪，休管他人瓦上霜

只管打扫干净自家门前的雪就行了，不必去管别家屋顶的霜雪。这句俗语喻指做人要独善其身少管闲事。

句中的"自扫"和"休管"，两两相对，把自己和别人的界线，划得格外分明，没有一丝一毫的混淆，表现出十足的自私自利。追本溯源，凡事都有它的来由，这句俗语，据说是由一个故事演化而成。

　　从前，在一个集镇上，一个布铺对着一个烟铺。两个店铺关系很好，店里的伙计也都熟悉。一天夜里下了一场大雪，早晨布铺伙计开门打扫门前积雪，抬头看见对面烟铺门前的幌子上挂着一个竹筐，小伙计好奇便走过去看，哪里想到筐里放着一个血淋淋的人头，吓得他赶紧转身回到铺子里，这时烟铺也开门扫雪，掌柜的发现筐里的人头，立即向衙门报案，地方官来到现场，按着雪地的脚印，自然找到布铺的小伙计身上，结果是屈打成招，收入监牢，等候秋后处决。但过了不久，官府捉住了真正的凶手，小伙计才得以无罪释放，经过这样一番周折，布铺老板告诫伙计们说："记住，从今往后，各人自扫门前雪，休管他人幌上筐！"这个故事流传开来，久而久之，"幌上筐"就被讹传为"瓦上霜"了。

俗语智慧

　　历史上有无其事无须考证，但旧社会世道艰难险恶，为人处事都要谨言慎行，尽量避嫌少管闲事，否则容易招惹是非，甚至引火烧身遭受无妄之灾。然而，人与人之间的互通有无和友爱相助，以及见义勇为，则是我们中华民族的传统美德，应该提倡与鼓励，那种"事不关己高高挂起"的言论或行为，有悖于事理人情，有失道义。因此，这句"各人自扫门前雪，休管他人瓦上霜"的俗语，既不足取，更不能作为鉴戒。

四、人际交往篇

077. 己所不欲，勿施于人

自己不愿意去做的事情，不能要求别人也不去做。每个人都有自己的立场，不能把自己的意见强加给别人。

郑国的圃泽住了很多贤人，东里则住了很多才子。

有一次圃泽的学者伯丰子路过东里，遇见了正在讲学的邓析。

邓析想戏弄一下伯丰子，就对他说："被人养活而不能养活自己的人就如同猪狗。你不能养活自己，只知到处游说。你能吃饱穿暖，都是有当政者资助的缘故，这跟猪狗有什么不同？"伯丰子没有理睬邓析，他的门徒回应邓析说："在齐鲁这两个国家里，有不少贤人。有的人擅长土木建筑，有的人善于制作五金皮革，有的人会指挥军队作战。各种各样的人才都很丰富，但缺乏人来使唤他们，使唤他们的人不一定有什么一技之长，但有一技之长的人却受他使唤，你刚才说的当政者就是受我们指挥的，我们通过教育当政的人来为天下人谋取自己的衣食，你凭什么把我们骂成猪狗呢？"

邓析瞠目结舌，灰溜溜地走了。

> 与人交往中，应学会尊重别人的立场，不能用自己的标准去要求别人，这样做只会自讨没趣。不尊重别人，总想凌驾于别人之上的人只会成为社交圈的弃儿，任何人都不会喜欢与这种人交往。

078. 害人之心不可有，防人之心不可无

一个人立足社会，不能心存害人之意，但同时，聪明人深刻了解社会的复杂性，必须具有防范之心以自保。俗语中的两个"不可"，都表示必须或一定的意思，并且语气十分肯定坚决，其目的和意义是教人正直无邪而又多些自保的心计。

当年曹阿瞒说：宁教我负天下人，不教天下人负我。这样做太过霸道，不过"宁教天下人负我，我不负天下人"又未免有点太凄凉了，中庸的做法就是：害人之心不可有，防人之心不可无。

无害人之心，体现出人的主观思想意识与道德标准是向善的。要有防人之心，这一点在实际生活中做起来还真有点难。因为前句无害人之心是从自己的意愿出发，既然要堂堂正正地做人，就不会去损人利己，蝇营狗苟。然而，防人之心，虽然也是人的主观思想行为的表现，但总

要提防来自别人的危害，要用尽心力，而且有时候还防不胜防。

当年，楚怀王有一位名叫郑袖的夫人，长得既漂亮，又聪明机智，颇得楚王的宠爱。

有一次，魏王赠送给楚王一位美女。楚王很快就被这位美女给迷住了。

为此，郑袖非常伤心，眼看着自己就有失宠的危险。她把这些看在眼里，放在心中，表面上仍显示出若无其事、毫不在意的样子，对新夫人的关怀，犹如婢女服侍一般，无微不至。并且，还在楚王面前，对新夫人大加称赞。

因此，新夫人对这位老大姐也非常感激，事无巨细，凡事都要与她商量，亲昵到以姐妹相称。

看到这对如花似玉的夫人相处得这么好，楚王心中也十分欣喜。

这时，郑袖知道楚王已不怀疑自己会吃醋了，暗自高兴。

有一次，郑袖在和新夫人闲谈的时候，故似无意地告诉新夫人：

"大王曾在我面前说你的鼻子尖稍高点儿！"

"那怎么办呢？姐姐！"新夫人摸一摸自己的鼻子问。

"这也没有什么了不起的。"郑袖仍然若无其事地说，"你以后见到大王时，只要轻轻地把鼻子掩一掩就行了。"

新夫人觉得这个办法很好，后来，每次见楚王时，就把鼻子掩起来。

楚王感到很奇怪，又不便当面问。于是，就问郑袖："为什么新夫人每次见到我时，总是把鼻子掩起来？"郑袖装出犹豫的样子，低声说："她说你的身上有一种恶心的臭味。"

"啊！我身为国王，身上竟会有臭味？她会讨厌我？岂有此理。"这位喜怒无常的楚王发怒了，猛力把桌子一拍，狠狠地咆哮起来："来人哪，快去把那贱人的鼻子给我割下来。"

新夫人的容被毁了，郑袖的情敌就这样被打倒了，楚王自此又独宠郑袖了。

社会生活中，事物繁多复杂、千头万绪，人也是鱼龙混杂、良莠不齐，物质更存在优劣真伪，所以识别是非利害，需要冷静的头脑，明晰的判断。不能盲目或贸然,而要善于听其言,观其行,并加以考察和分析,免得吃亏在前,上当在后。当然这需要在世故人情中,多磨炼、多体验,总结经验教训。这样才能少吃苦头,防人之心才不是一句空话。

俗语智慧

归结起来,这句"害人之心不可有,防人之心不可无"俗语,旨在点明做人的原则和本分。文中提到的所防之人,自然是指那些小人或坏人,好人则无须去防。

079. 穷居闹市无人问,富在深山有远亲

贫穷的人住在闹市之中别人经常路过其家,未必有人来问候一声;富有的人哪怕住在僻远之处,照样有人来攀亲致意。

俗语中的一"穷"一"富",一"无"一"有",两相对比之下,格外清楚地说明两种不同的生活境况,在一些人的心目中,表现出两种不同的看法和态度。由此在一定程度上,反映了旧时的人们对世态炎凉、人情冷暖的慨叹,道出世风日下和人心不古的一面。这句俗语活生生地勾画出有些人在思想感情上嫌贫爱富的嘴脸,也揭示出那些趋炎附势之徒的势利本相。

富者不应为富不仁,但穷者应有志思变。西汉时期,有个叫朱买臣的读书人，他有志于学，但时运不佳，家境日趋败落，妻子都看不起他，但他并未因遭受白眼和嘲笑而放弃学习，最后终于金榜题名，原来看不起他的人都纷纷跑来奉承他。

由此可以明白其中的道理：人的前途和命运是掌握在自己的手中，路也是在自己的脚下，所以空自不满和嗟叹，确是于事无补。

俗语智慧

贫穷时对"无人问"的现状不必过分计较——这是人之常情；富贵时对"有远亲"的状况也不必沾沾自喜——其目的不过想从你这儿分一杯羹。

080. 交人交心，浇树浇根

就像浇树时要浇根部一样，交朋友要交知心朋友。

浇树把水浇到根上，能使水分全部被树的根部吸收，再从根部渐渐地输送到树上的枝枝叶叶，使其繁茂地生长。如果只从上面浇浇枝叶，根部得不到水的充分滋润，久而久之，会影响树的生长。这说明浇水的部位十分重要。与"浇树浇根"具有同等重要意义的就是指这句俗语中前一句"交人交心"。

古人说："恩德相结者，谓之知己；腹心相照者，谓之知心；声气相投者，谓之知音。"交人交心，指的是两人在交往之中能心心相通，这样才能产生思想感情上的和谐共鸣，才能志趣相投，建立起深厚的友谊。如果交的只是酒肉朋友，在紧要关头就会缺少真诚的相互关心，在利害攸关时就不能休戚与共。假如交往的是势利之徒，那更是有害而无益。

常言说："物以类聚，人以群分。"交人能否交心还要看两人的志趣是否相投。

春秋时期，齐国的管仲与鲍叔牙相交知心。鲍叔牙深知管仲的为人和才能，虽然管仲已成为阶下囚，但由于鲍叔牙的极力举荐，终能为齐桓公赦免而起用，辅佐齐桓公治理国家走向富强，管仲成为一时的名相。

又如：东汉末年，管宁与华歆为同室学友，管宁为人宁静淡泊，华歆则羡慕名利，两人志向不同，终于割席断交。

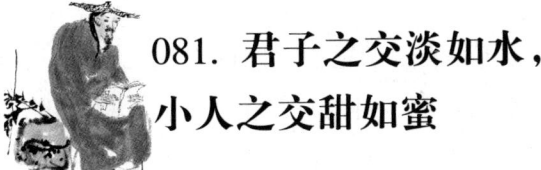

交人首先必须识人，并且要有正确的互相交注的目的，否则交不到真正的朋友，更不会达到相交知心的程度。

081. 君子之交淡如水，小人之交甜如蜜

君子之交与小人之交，一个是淡如水，一个是甜如蜜。这并列的两句内容，在鲜明的两两对比之中，表现出它们各自的意义，总括地说是一正一反，一褒一贬。

君子为人谦恭敦厚，品格高尚，所以君子与君子交往，自然是志趣相投，意气相期。因为是以心交心，所以不必在表面上故意过从甚密，只在有事之时，才会毫无保留地付出关心与帮助，因此，君子之交就像无色无味的水一样清澈透明，安静和缓地流动。

句中"淡如水"的"淡"字，是从形容物体的稀薄，滋味不浓，颜色浅等义项引申出清高寡欲的意思，用来形容君子之交的心境。

"小人之交"却与"君子之交"截然不同。"小人"的"小"字，不是指大小的小，而是从这个形容词的本义引申，形容人的人格，思想品质的龌龊与卑下。"甜如蜜"，这是非常形象而又极为深刻的比喻，形容小人之间的交往，能像蜜糖那样"甜美"，言外之意，旨在讽喻这种非正常的关系。

"小人之交甜如蜜"并不是在说明他们之间的亲密无间，只在说明相交之时，都各怀私心，各有所图，目的是互相牵扯，互相利用，甚至是互相勾结起来，在暗地里干些见不得人的勾当。

君子之交有益而无害，为人仰慕；小人之交则有害而无益，为人不齿。在社会现实生活中，人不能无亲无故，无朋无友，但相交往来之间，应以互助互爱为前提，以道义为基础，绝不能蝇营狗苟，见利而忘义。君子之交可以一生一世，永远保持这金色的友谊；小人之交经不起时间的考验，一旦出现利益冲突，就会相互背离，断绝往来。"甜如蜜"便不复存在。

俗语智慧

这句明是非，分爱憎的俗语，直至今日也不过时，仍应该成为一座择友、交友泾渭分明的界碑。

082. 立志莫交无益友，得时勿忘有恩人

立志不要交往对自己提高修养没有帮助的朋友，春风得意的时候不要忘记有恩于自己的人。

以前在农村的堂屋正面的墙上，挂着一面大镜子，镜面上是山水图案，镜框两旁写着各样对联。有这样一副对联：上联：立志莫交无益友；下联：得时勿忘有恩人。

"莫交"需要"立志"，这就说明交友的严肃性，不能随随便便不管什么人都当作朋友，交益友可以帮你提高修养学问。关键时刻还能帮你一把；如果你交的是"损友"，那你也很可能被他们带上邪路，而且遇到事情时，他们不但不会帮你，很可能还要落井下石。后句是说自己得意之时，不要忘记对你有过帮助，或是在你困难的时候，有恩于你的人。如果对于有恩于自己的人，竟然能忘掉而不思回报，这样的人，也就没有一点人情味了。

俗语智慧

这句俗语让人的内心产生震撼，每个有良知的人，都应把这两句看成是给自己树立的人生坐标。

083. 路遥知马力，日久见人心

路走得远才能比较出马匹耐力大小，时间长久才能见出人心的美德。

"马力"是指马的耐力，因为马的四肢强健而能行善走，所以在古代马的用途非常广泛：军事作战、中央与地方的政事往来，以及其他的社会生活，都需要用马来做交通工具，所以人们在具体的实践中才总结出"路遥知马力"的经验之谈。

"路遥知马力"句意浅显直白，而"日久见人心"句，却要人认真思考，才能真正受到教益。

"日久见人心"，也说成"事久见人心"。日久或事久都表示不能在见面之初就对一个人的好坏下结论，因为人为了生存和利益，大部分都会戴着面具，让你难辨真假。所以初见面后，无论你对对方是"一见如故"还是"话不投机"，都要保留一些空间，冷静地观察对方的作为，因为人再怎么隐藏本性，终究是要露出真面目的，所以我们不妨用时间来看人，检验出一个人的真性情。

　　王安石变法时，最信赖的朋友和助手就是吕惠卿。吕惠卿表面上做出拥护变法的样子，对王安石忠心耿耿，但私底下却是一个见风使舵的小人。朋友都劝王安石对吕惠卿多加提防，但王安石不但不听还几次提拔吕惠卿。过了一段时间后，新法推行受阻，王安石也渐渐失势，这时吕惠卿摇身一变开始抨击新法，并对王安石落井下石，鼓动皇帝将王安石流放，王安石这时才看清吕惠卿的真面目，不过一切已经太晚了。

> **俗语智慧**
>
> 　　人心良善或丑恶，都会通过日久或事久得出个结论，只要人们用心多加考察就会一清二楚。

084. 面带三分笑，背后刀出鞘

　　表面笑脸相迎，背后谋害使坏。喻指做人做事当面一套，背后一套。

　　这种两面三刀的人最可怕，他面上带着笑，对人非常和善，让你对他不加提防，然后就在背后向你捅刀子，让你防不胜防。唐朝的李林甫，在唐玄宗开元年间任宰相，位高权重，他表面上对同朝为官的人非常友好，却暗中想方设法加害于人。因此当世之人根据他所言所行，说他是口有蜜腹有剑，后来老百姓就用"面带三分笑，背后刀出鞘"这

句俗语来形容李林甫式的小人。

先秦时期时任宫中宦官的赵高，蓄谋陷害丞相李斯，也是使用了两面三刀的手法。他先哄着秦二世胡亥不上朝理政，深居后宫游乐，接着他又装出忧心忡忡的样子去拜见李斯，反映关东地区盗贼四起，民夫徭役繁重等情况，要求李斯能把这些情况上奏二世胡亥，并表示愿意为李斯谒见二世胡亥提供机会，然而，他却是在胡亥作乐兴致正高的时候，故意派人告诉李斯晋见。李斯一连三次求见，胡亥知道后非常恼怒，责怪李斯搅扰了他，并且认为李斯没把他这个皇上放在眼里。这时赵高又乘机火上浇油，中伤李斯倚仗功高妄图得到更多的封赏，还诬告李斯的儿子做三川地方的长官，却与强盗陈胜有来往。二世胡亥相信了赵高的话，决定把李斯下狱审讯，最后又将李斯父子押赴刑场斩首。

俗语智慧

历史上类似事件屡见不鲜，奸邪的小人陷害好人，也常用这种鬼蜮的伎俩。因此这句俗语，给人以极大的警示，对那些笑里藏刀的人要时刻警惕。对这种人要听其言，观其行，更要明察他的为人品德，留有戒心而免受其害。

085. 拿人家的手短，吃人家的嘴短

接受了别人的好处，吃了别人的东西，办事时便会碍于情面而给予照顾。

句中的"短"字是由其本义缺点、短处引申为"理不直，气不壮"的比喻义。这句俗语是指得到人家小恩小惠的好处，不得不在一些涉及是非曲直的问题上，有所暧昧或偏私。

有的人贪图一点便宜，拿了人家或吃了人家的东西，这些东西就会堵住了他的嘴巴。遇事不能秉公处理，碍于吃与拿的"情面"，有时不得不昧心地偏袒一方。如果仅在这类小问题上，扮演着不光彩的角色，这只是表现了他思想的龌龊，人格的卑下，还不算十分可怕。

但如不能引以为戒，防微杜渐，反而因一时得计而得寸进尺、贪得无厌，就会陷入无可挽回的地步，这时再想回头就已经太晚了。看来小便宜还是不要贪，以免葬送了自己。

春秋战国时期，公仪休担任鲁国的相国，他特别喜欢吃鱼。全国的人都争着送鱼巴结他。公仪休拒不接受。

他的弟子劝他说："先生爱吃鱼，却又不肯接受别人的献礼，这是为什么呢？"

公仪休回答说："正因为我喜爱吃鱼，所以才不受鱼。如果接受了别人的鱼，到了紧要关头，一定要迁就别人；迁就别人，就会歪曲法律；执法犯法就有被罢黜的危险。如果我的宰相被罢免，即使再喜爱吃

鱼,这些人也一定不会长期给我送鱼了,而我自己也没有能力去买鱼了。如果我不受鱼,就不会枉法徇私;不徇私,就不会免职;不免职,即使爱吃鱼的嗜好一辈子不变,也能长期靠自己的薪俸来买鱼吃。"

俗语智慧

吃与拿自然有个明确的区分,正常的人情来往无可非议,但是明明知道这吃与拿是非情非义而是一种钓饵,自己却偏要上钩,必然弄得"手短"、"嘴短",到时候只能被人牵着鼻子走。

086. 你走你的阳关道，我过我的独木桥

阳关道：原指古代经过阳关（在今日甘肃敦煌县西南）通向西域的大道。后用来泛指通行便利的大路，比喻有光明前途的道路。独木桥：用一根木头搭成的桥，比喻艰难的途径。这句俗语的意思是各奔西东，互不干涉。

一般来说阳关道是光明的坦途，这条路上风险较小，走起来也会比较顺利，而独木桥狭窄难行，往往潜伏着危险，前途必定十分艰难。

然而这句俗语通常是一句反语，而且带有几分讥讽。所谓的独木桥并非真正是艰险难行的路；所谓的阳关道也并非真正的大道通途，因为任何人都不会放着阳关大道不走，偏偏要冒着风险去走独木桥，事实证明：有的人嘴上虽然这样说，但主观上，却仍然认为自己走的才是阳关道。

俗语智慧

不管是阳关道还是独木桥，还是大家一起走更好。如果一个人总是抱着独走阳关道的心态，喜欢吃独食，那么可以预计他的阳关道总有一天会真地变成独木桥。

四、人际交往篇

087. 贫贱之交不能忘，糟糠之妻不下堂

贫贱之交是指人在贫困的时候，有幸结识相互交往的朋友；糟糠之妻是指处于患难之时，与他同吃酒糟和米糠的妻子。这句俗语的含义：一个是不能忘掉贫贱之时相交的朋友；一个是不可休弃共度难关的妻子。

人生在世，对朋友要讲朋友之义，对妻子要念夫妻之情。贫贱时交往的朋友，得意了也不能忘记，不能因为自己身价显贵就认为贫贱之交，不仅没有再借助之处，反而会带来烦扰或负担，甚至有失体面；永远也不要背弃与你共患难的妻子，不能因为有钱了就喜新厌旧，见异思迁。

生活中还有一个与之意义完全相反的俗语："贵易交，富易友。"句中的"易"字意思是改变与更换。历史上背恩负义的人有很多，而这种人通常很难有好结果。下面就举两个例子：

一个是陈胜忘贫贱之交：佃农出身的陈胜，反秦起义前为人耕田，他曾对同工的伙伴说："苟富贵，无相忘。"起义之后，当他被推举为王时，穷朋友去拜望他，他却因为旧时伙伴述说从前为人耕作之事，有失他的威望和脸面而被他杀死，因此很多故交都悄悄离去。

另一个是吴起杀妻求将：卫人吴起，娶齐人之女为妻。他善于用兵，当齐国进攻鲁国时，鲁君打算任命吴起为将，但又有些疑虑。吴起为得到鲁君信任，就亲手杀死了贤惠的妻子。结果他不但没有受到重用，还因为残忍无情而被人们唾弃。

俗语智慧

这句俗语，时至今日仍有其现实意义，即使是新的伦理关系、道德观念，也值得给予肯定。

088. 千里送鹅毛，礼轻情意重

人们把一片鹅毛作为千里相赠的礼物，以此表达深厚的情意。这样的史事与传说，都成为佳话流传下来，并且概括成一句"千里送鹅毛，礼轻情意重"的俗语。

"千里送鹅毛"确有其人其事。唐代贞观年间，地处西域的回纥国国王特意派使节缅伯高，将一只稀有的白天鹅作为贡品，奉献给唐太宗皇帝，表示臣服和友好。缅伯高起程远赴长安，一路上不辞辛苦，一天，途经湖北沔阳，在湖边他想给天鹅洗浴解暑，天鹅哪里会理解他的好意？它一出笼就飞向青天，无影无踪。缅伯高丢了贡品，吓得大哭一场。

正深感绝望、无可奈何的时候，缅伯高看见地上有几根洁白的天鹅羽毛。他灵机一动，捡起那些羽毛，继续向京师进发。各地使者向皇上进献礼品时，缅伯高献的只是几根羽毛，皇帝和大臣们为之愕然。缅伯高从容不迫地唱了一支歌："将贡唐朝，山高路遥。沔阳湖失去鹅，倒

地哭号号。上复唐天子,可饶缅伯高?礼轻情意重,千里送鹅毛。"皇帝听罢,为缅伯高的诚意所感动,不但没有怪罪他,而且给予了许多赏赐。

历史上,仅在北宋时期就有三位著名诗人以鹅毛为题写下诗句。如:欧阳修的"鹅毛赠千里,所重以其人";苏轼的"且同千里寄鹅毛,何用孜孜饮麋鹿";黄庭坚的"千里鹅毛意不轻"。由此可见,礼物的轻重不在于它的价值贵贱,而在于它表达的情意深浅,一片轻轻的鹅毛因为是从远方带着友好的情谊而来,因此就显得至为珍贵,不能用金钱的多少简单地去衡量,因为真挚美好的情意,比世界上的任何礼物都更加贵重。

俗语智慧

在现实生活的迎来送往当中,礼尚往来也是人之常情,但应该更加注重所送之情。如果以金钱衡量别人送礼的价值,就会忽略、抹杀送礼中的情意。

089. 亲戚远来香，邻居高打墙

越是住得距离较远的亲戚，互相之间关系处得越不错，而一墙之隔的邻居，往往筑起高墙把关系隔断，这句俗语表明相处越多越容易产生隔阂的道理。

所谓亲戚，不外乎是与父母双方有直系血缘关系的人。如：叔伯、姑表、两姨等亲属。句中的"香"字是受欢迎的意思。过去因为交通不便，彼此相隔甚远，很少往来，更是难得相聚。所以偶有机会相见一次，彼此之间问问寒暖、叙叙家常，总是觉得特别亲近。如果相互之间有什么事情需要帮助，也都会尽心尽力。

如果成为一墙之隔的邻居，得到的待遇就会大大不相同了。家里的大人孩子，自然地要经常来来往往。天长日久，很容易因为一些细琐之事，或偶尔招呼不周，引起一些芥蒂或误会。因为双方都认为关系不同寻常，容易在一些鸡毛蒜皮的小事上互相挑剔，结果越来越生分。要是一般的邻里关系，可能还会互相礼让些。但亲戚则不同，彼此间有亲情的依赖，凡事需要互相帮助，认为是理所当然，稍有不妥之处，就会产生过节儿。如果一方再不能通情达理，就会更增加不睦。所以"高打墙"的目的，就是为了防止发生一些不必要的不快或纠葛。

四、人际交往篇

俗语智慧

这句俗语中"远来香",应该得到充分的肯定,因为这是可贵的亲情,"高打墙"却是个很消极的做法,虽然事出有因,但积极的做法,仍然是要以亲情为重,在相互关爱中取得理解与谅解,做到推己及人,从心里拆除高墙之隔。

090. 情人眼里出西施

在有情人眼里,自己的心上人都像西施那样美丽可爱。

春秋末期,吴国与越国发生战争,越国战败投降。越王勾践为复仇兴国,除了采取一系列振兴措施外,还使用了美人计——将越国美女西施献给吴王夫差,夫差果然被西施所迷,终日沉溺于酒色之中,最后酿成了亡国的惨祸,而西施也就成了美女的代称。西施也被称作西子,宋代文学家苏轼在做杭州太守时,把风光绮丽的西湖与美丽的西子相媲美。曾有"欲把西湖比西子,淡妆浓抹总相宜"的诗句。由此可见,西施确是一位旷世的绝代佳人。

历史上只有一个西施,西施到底怎样美丽也不得而知,但人们仍然希望自己能寻得到像西施一样美好的女子,作为终生伴侣。

事实上人的容貌有丑有俊,审美的观点也不大相同,但有一点却完全相同:只要是自己真正爱上的人,情有所钟,心有所属,那这个女子无论容貌如何,在他的心目中就会和西施一样的美丽。因此,流传出"情人眼里出西施"这样一句俗语。

　　这句俗语,确实有它的实在意义,并非夸大其词。当人们沉醉于爱情中时,多情男子会把他所爱的人,看成是世界上最美的人,甚至有时把恋人的缺点,也看作难得的优点。所以这句俗语又具有了一定的戏谑的感情色彩,常常以此来品评人们陷入爱情时的表现。

俗语智慧

　　爱其所爱,并且能忠贞不渝,那就会自然像这句俗语说的一样:"情人眼里出西施"了。

091. 人怕见面,树怕扒皮

　　树被扒了皮,它失去生机会干枯而死;而人见了面,除非是敌我矛盾或大是大非,会"仇人见面,分外眼红"外,一般的矛盾纠纷都不会由于见面更激化矛盾,相反地则能得到一定的缓和,是一个转机,甚至由此使一些存在的问题得到化解或消除。因此说这句"人怕见面,树怕扒皮"俗语,是概括了人们从生活实践中,总结出来的经验和教训。

　　有时候,人们由于某种原因,难免会发生一些是非矛盾。不见面时,彼此都只想到对方的错误,想到自己的正确,两人都在背地里互相猜疑或抱怨。这样一来,两人就都担心,一旦彼此见面之后,对方不给自己留情面,还有的怕见面是因为知道自己有过失,怕见面遭到难堪。其实这世上根本没有解不开的误会，两人只要见一面，把话说开了，那自然也就相安无事了。

如果是口舌是非，通过互相沟通和必要的解释，就能消除隔阂，进而言归于好。如果属于事务上的纠纷，通过合情合理的商洽，在互不损害彼此利益的前提下，各自做些让步，也可以收到大事化小，小事化了的积极效果。如果只是一场误会，那就更需要见一面了，误会就好像一场大雾，当太阳出来的时候，就自然地消散了。

俗语智慧

怕见面不是解决问题的办法，只会激化矛盾。实际上，没有什么问题不是可以通过面对面的交流圆满解决的。

092. 无事不登三宝殿

没有祈求之意，不会到三宝殿烧香拜佛，借指访求的目的是必定有事。

三宝：泛指三种宝贵的事物，所以它随文而异。如：老子以慈、俭、不敢为天下先为三宝；孟子以土地、人民、政事为诸侯三宝；《六韬》书中记载则以工、农、商为三宝；佛教以佛（指佛教创始人释迦牟尼，也泛指一切佛）、法（佛教法事）、僧（继承与弘扬佛教教义的僧众）为三宝。句中的三宝殿原意是专指供奉佛祖的神圣殿堂。后来，常常用来泛指对能帮助自己排忧解难的贵人的住屋，被恭维地比喻为三宝殿。

由于佛教教义的广泛传播，人们认为佛是大知大觉、大慈大悲的圣者，他普渡众生，有求必应。因此，那些信奉佛教、崇尚佛教教义的人有疑难困苦的时候，就要到佛寺中的三宝殿烧香礼佛，祈求佛能消灾祛病，护佑幸福平安。

这就是"无事不登三宝殿"这句俗语的由来。然而需要点明的是这句俗语并不能随意地说来说去，因为句中的"事"字，并不指人们日常生活中细微的琐事，而是指必须求得别人帮助才能解决的急难问题，另外句中的"登"字不仅表示由低向高（三宝殿是建在高台之上），而且也有诚敬之意。不用"上"、"进"、"入"等动词就是在说明求助者的谦恭。所以这句俗语一方面表现出求助者恳切的、迫不得已的求助之情；另一方面，这句话也意味着助人者有能力施与帮助。

俗语智慧

其实，无事时常致以问候，多相往来，也不致有有事才登三宝殿的尴尬。

093. 与其锦上添花，不如雪中送炭

与其做锦上添花这样好上加好的事，不如多做些雪中送炭这种急人所需的事。

"锦"是一种有彩色花纹的丝织品。古代神话中的织女，就是在天上的机房里织锦，使它成为空中的五彩云霞。"添花"，就是在已经非常美丽的织锦上,再增添美丽的花纹色彩。因此,"锦上添花"被人用来表示使美好的事物更加美好。

在社会生活中,有些人和事已经是很美好了,或者是已经非常春风得意了,然而有的人却还要再锦上添花,或者大加赞颂,或者赠以厚礼,这样做有时会让人觉得多此一举。

"雪中送炭"字面上的意思是给在雪地中受冻的人送去木炭,给他带去温暖。就是在别人危难的时候,给予物质上及时或必要的帮助。这是解人之困、救人于危的善良行为,当然也是在人们处境艰难之时,求之不得的好事。

锦上添花与雪中送炭都是一种感情投资的手段,但锦上添花有趋炎附势之嫌,而雪中送炭有扶危救困之名,所以还是应该多做一些雪中送炭的事。

俗语智慧

要做就做或者多做雪中送炭之事;少做或者不做锦上添花显得多余的事。因为在一取一舍之中,能够品评出一个人性情的雅俗与高低。

094. 知人知面不知心

知道一个人的姓名、认识这个人的相貌容易,但要了解一个人的内心是很难的。

"人心隔肚皮",人又常常戴着假面具,要真正认清一个人是很难的。

孙膑与庞涓同为鬼谷先生的弟子,学习兵法。当时两人亲密友好交称莫逆。后来庞涓做了魏惠王将军,统管军事,非常风光。他忌妒孙膑的才能,总担心孙膑将来会威胁到他,于是就把孙膑骗到魏国,表面上对孙膑处处维护,孙膑真把庞涓当成了真心为他的好朋友,没想到庞涓暗地里却设下圈套陷害,致使孙膑受到削去膝盖骨的酷刑。这时孙膑才知道庞涓这位"好朋友",对他居心狠毒,欲置他于死地。为了活命,孙膑开始装疯,甚至躺在猪栏里吃猪屎。孙膑骗过了庞涓,后来为齐国使臣所救,到了齐国任军师。在齐魏两国军队交战中,孙膑设计在马陵道打败魏国军队。庞涓自刎而死,落个害人反害己的下场。

由此可见,在人与人相互交往中,建立友谊并不是困难的事情。但要双方都以诚相待，做到推心置腹、肝胆相照，却是一件非常难的事情。有时候一方制造一些友爱的假象，内里则包藏祸心，欺骗对方的感情，这时如果不能识破他的真面目，就很可能会上当受骗。这句俗语给人的启示就是：不能太相信人，要睁一只眼看朋友。

俗语智慧

古人说："试玉当烧三日满，辨才须待七年期。"可见知人之难。古往今来，仅是知人而不能知心的事例不胜枚举。有的人居心叵测，口蜜腹剑，一时之间难以识别和猜测。当然不能在与任何人的交往中，心里都存在谁也不能相信的疑虑。只要能多了解，多观察，因为一个人的言行是内心思想感情的表现。如正人君子，忠厚老实的人，表里如一容易认识，只是有些坏人，则应倍加防范，多些警觉，倒不必以此认定人心难测，草木皆兵。

五 社会经验篇

俗话说，人在江湖飘，谁能不挨刀。社会经验的积累，也就是飘在江湖的过程，就是从多挨刀到少挨刀的过程。社会经验方面的俗语因为多是"挨刀"的教训和躲过"挨刀"的经验的总结，也就显得格外犀利，能够给我们的思维以震动和激荡。

095. 百闻不如一见

常言说:"耳听为虚,眼见为实。"这是一句经验之谈,也是经过多少事实验证非常确凿的一句话,它强调亲自观察的重要性。

生活中有些传闻,往往是道听途说,对此千万不能轻易相信,即使不能亲自检验和考察,也要根据事理进行辨析或推断。否则会以讹传讹,混淆视听,受人愚弄。古代讽喻故事中有一则"穿井得一人":说的是一户丁氏人家,因为家中无井,每天需要派一个人到外面取水。后来自家凿了一口井,再不用派人取水,便告诉别人说:"我家打了一口井,得了一个人。"可是有人听过后,误认为:丁家打井,挖出了一个人,传来传去都信以为真,后来由丁家人出来更正,因为自家打出井来,就等于多出一个人的劳动。

又如:北宋文学家苏轼过去听说江西鄱阳湖边的石钟山命名原因是:"微风鼓浪,水石相搏,声如洪钟。"他疑而不信。又听到有人"得双石于潭上,扣而聆之,南声函胡,北音清越"。他也不以为然,于是他在月明之夜,亲自乘船考察发现:"大石当中流……空中而多窍,与风水相吞吐,有窾坎镗鞳之声。"才了解到石钟山得名的真正原因,他在《石钟山记》这篇游记中写道:"事不目见耳闻,而臆断其有无,可乎?"俗语也有"话经三人口,老鼠变成牛"的说法,看来对一些捕风捉影的小道消息,我们还是不要人云亦云地跟着乱说,多听不如多看啊!

俗语智慧

"百闻不如一见"这句俗语,并不是在夸大其词,而是在启发人们对待一些事物,应多注重实际考察,免得歪曲事实。

096. 伴君如伴虎

老虎是兽中之王,凶猛而又残忍,羊与虎相比则弱小而无能。当老虎"饥饿"的时候,自然会把羊变成它口中之食。历史上发生过多次的宫廷政变,为了当上皇帝可以弑父弑兄,又何况为他效命的臣下,更可以任意杀戮。这句俗语说明,在一个握有至上权力的上司面前,危险时刻存在着。

历史上历朝历代的封建帝王,都把国家当作他的家天下,把天下的臣民看成他的奴仆。而皇帝身边的那些臣子们则一个个心惊胆战,因为"君要臣死,臣不得不死",谁知道"猛虎"哪天就要伤人呢!

朱元璋是历史上有名的"雄猜之王",既野心勃勃,又疑心重重,心地险恶。打天下时,他虚心纳士,任人唯贤,但当上皇帝后,他却朝思暮想地维护他的绝对尊严和家天下,变成了一个"杀人狂"。为了防止功臣做乱,朱元璋制造了一个又一个的冤案,大肆杀戮功臣,大臣们

都过着朝不保夕的日子,说不定什么时候就会大祸临头。

在朱元璋所杀的功臣中比较有名的是李善长。李善长在打天下时立有大功,跟朱元璋的关系如鱼水一般,但朱元璋一旦登上天子之位,就对李的态度大变。李善长仍按往常惯例,帮助朱元璋处理政事,过去被朱称赞为"处事果断",现在则说他是"独断专行",过去朱特许李对疑难大事先处理后报奏,称赞他"为朕分忧",现在则说他"目无皇上"。尽管李善长主动请辞以避,但朱元璋还是以"大逆不道"的罪名将李全家七十多口杀害。这正是伴君如伴虎的最佳例证。

俗语智慧

现实生活、工作中,我们看到有些人与老板、上司走得过近,不管他曾经多么信赖、欣赏你,你还是有随时被其"抛弃"的危险。这句"伴君如伴虎"的俗语,确是比喻得入木三分,言之凿凿。

五、社会经验篇

097. 不怕不识货，就怕货比货

不用担心不能辨识东西的好坏真假，只要放在一起一比较就清楚了。这句俗语道出了"识别"的智慧。

"不怕不识货，就怕货比货"这句曾经很流行的俗语，常出自经营和出售商品的生意人之口，他们用来招揽生意。

任何一种商品，在对照与相比之下，能使人识别出它的优劣好赖。比如一件衣服，尽管款式一样，但在用料的质量有高有低，有贵有贱，加工工艺有精细或粗糙，自然地会分出三六九等的上下差别，不可能同在一个品位，所以在货与货的比较之中进行挑选，才能用物有所值的价格买到合适的商品。

常言说"货比三家"，在购买货物时，在货与货之间多做比较，心里才能有个底数，求是求实才不致偏听偏信，才能避免吃亏上当。

> **俗语智慧**
>
> 总之，一切事物都在相对的比较之中，"比"是一个非常关键和非常重要的环节，不能忽视，这样才会有得而无失。

098. 不怕没好事,就怕没好人

不怕没有幸运的事发生,就怕有人给你使坏。喻指没有好事从天而降落在自己身上,最多过得平淡些,即使有一些坏事发生,积极应对的话也没有什么可怕的,怕的是有人故意与你为敌,暗中使坏,让你防不胜防。

没好事是指一般的发生在同事、亲友、邻里,家庭中父母、夫妇、子女等之间,可能出现的一些问题与矛盾:例如一件小事、一点利害得失、一些财物纠纷瓜葛,甚至在思想感情上的隔阂或恩怨等等。这是人们现实生活中在所难免的事情,要是都能够按情按理,彼此互谅互让,一般地说是可以得到妥善解决的,所以说"没好事"并不可怕。

所谓"没好人",倒不是说介入上列事端的人就是坏人,而是说有的介入者表面上对事态很关心,但不能从客观实际情况出发,不做实事求是的分析,妄加论断;更有甚者出于私心私利而在挑拨离间,搬弄是非,唯恐天下不乱,导致矛盾激化。

这样看来,介入者如何对待辨析如何帮助和解决问题所具有的思想态度,是为至关重要,古人说:"一言可以兴邦,一言可以丧邦。"这句话里凝结着多少深邃的思想、多少沉痛的教训。它确实有教育和告诫的意义,由此观之,人们的善意与良知是多么的难能可贵。

俗语智慧

上海市老城隍庙正门上的一副楹联是对这句俗语的旁解，能够给人以极大的启示：

做个好人，心正身安魂梦稳，行些善事，天知地鉴鬼神钦。

099. 朝中有人好做官

朝廷中有可以依靠的某种关系，在地方做官自会顺顺当当。现在也泛指在上层机关中有关系，在下面就便于工作、容易提升。

这句流传很久的俗语，一语道破过去封建王朝官场上的黑暗，也是历史上各朝各代屡见不鲜的一种政治腐败现象。这种情况并非出于偶然，而是有它的一定根源。在科举制度下，每一次考试中举的考生，都称为同年，主考官同这些考中的人自然形成了老师与门生的关系。朝廷任用之后，有的在京留用，有的派到外地任职，其间必然存在着相互照应，彼此提携的连带关系，甚至可以用"牵一发而动全身"来形容这种关系的错综复杂，所以由于政见不同或利益得失而发生的朋党之争，也势在必然。

除此之外，有的人一朝得势，就会利用他手中把持的权力，提拔或笼络一些能为他所用的人，结成小集团，很多人在他的羽翼下又得以升迁。他们公开地或暗地里相互勾结，狼狈为奸，排斥异己，飞扬跋扈于一时。例如：唐代天宝年间，由于族妹杨玉环（贵妃）得到唐明皇李隆基的宠幸，杨国忠便能一步登天，达到把持朝政，权倾朝野，炙手可热的地步。他的族人和亲友也都爬上来为官为宦，真是"一人得道，鸡犬升天"。

俗语智慧

如果凭借自己的品德和才华，受人赏识并得以任用或选拔，这确实无可非议，合乎人们的良好意愿与希望。但是与此相反，只是由于借重某人或某种关系，而使自己的私欲得以实现，或获取不应得到的破格待遇，这不仅不能令人信服，自己也会在人们的蔑视中讨生活而毫无光彩。

100. 创业容易守业难

创业是创办事业；守业是守住前人所创立的事业。这句俗语说明了一个道理：看似容易的"守业"，实际上要比创业更加艰难。

句中一个"创"字是开始（做）的意思，仔细地推敲一下，这

个"创"字,其中包含着创业者既定的追求,以及为了实现奋斗目标所耗费的无尽的精力和心血,奋斗过程中有说不尽的艰辛,道不完的劳苦,如果中途再遭受挫折或失败,更要坚韧不拔,熬得起,挺得住,执着地顽强拼搏,才能获取事业的成功。

既然创业是这样的劳心劳力,为什么还要说它比守业容易,或者说"创业难守业更难"?俗语中的难与易是在相对的比较之中,创业艰难是众所周知的事实,在与守业比较说它容易,实质上是更加突出和强调"守业难"的那个"难"字。

与创业者相比守业者只看到眼前他继承的事业的辉煌与成功,并没有创业者亲身为之奋斗的经历,也根本没有尝到其中的苦滋味。

常言说,不吃苦中苦,难知甜中甜,但有的人没有这样的切身感受,过去富贵人家子弟,有的成了不肖或败家之子,就是因为他们没有吃过苦,只懂得坐享其成,沉溺于逸乐之中,结果父辈付出万般辛苦打拼来的天下,很快就被这些"二世祖"们弄得败落不堪了。香港人常说"富不过三代",原因也就在于此。清代著名的文学巨著《红楼梦》中,写尽贾氏家族的荣辱兴衰,充分地说明"守业难"的道理,古人说,"生于忧患,死于安乐",确是如此。

> **俗语智慧**
>
> 前人创业,后人不仅守业,又能在其基础上再继续创业,历史上不乏其人其事,但守业不成毁于斯人之手,确是也有过极为惨痛的教训,所以这句"创业容易守业难"的俗语,值得人们省思与警醒。

101. 狗嘴里吐不出象牙

大象和狗是两个不同的物种,所以狗嘴里绝不能长出大象的牙齿。这句俗语比喻的含义,不在于大象与狗两个生物的本身,而是比喻像狗一样的人,他们的嘴里不会说出人话,更不能有人的正当行为。

社会上有两种人可以用这句俗语作比。一种是没有人的品格和道德,倚仗自己的邪恶为非作歹,欺压或残害好人的坏人。例如元杂剧《窦娥冤》里,出场的丑类人物张驴儿,他在官府的公堂上,肆意诬陷窦娥毒死他的父亲,造成天下奇冤。实际上是他想要毒死

窦娥的婆婆，从而达到霸占窦娥为妻的目的，张驴儿的诬告之词，就是从他那张狗嘴里吐出来的。

另一种人，长得人模人样，也能混迹到社会的上层，甚至有一定的权势地位，但他们为虎作伥，助纣为虐，其罪恶更是罄竹难书。他们巧言令色，替主子使尽阴谋诡计，祸国殃民，陷百姓于水深火热之中。例如：卖国贼秦桧以"莫须有"的罪名，害死岳飞和其养子岳云及部下张宪。像这类人的嘴里，只能是长着咬人的狗牙，这就是对这样的奸佞之徒，恶言恶行的形象比喻。

俗语智慧

平时的为人处世中我们常能遇到这样的人：说话不着边际或者根本就不说人话。对这样的人必须认清其本来面目，不要指望他能"狗嘴"注外吐"象牙"。

102. 瓜田不纳履，李下不正冠

路过瓜田，不要弯下腰去提一提脚上穿的鞋；走到李子树下，不要抬起手整理头上戴的帽子，免得让别人看见误认为在偷窃田里的瓜，或有意摘取树上的李子。

在处理一些容易引起猜疑的事情时总是要小心一些。其实真的口渴摘一个瓜或几个李子吃，然后付给物有所值的钱，也无伤大雅。所以这句"瓜田不纳履，李下不正冠"的俗语，只是拿它做个形象的比喻。意在表明：人们要懂得避嫌。要避免被人借故猜疑引起是非，甚至招致无妄之灾。避嫌是人们谨言慎行的表现，必要时有益而无害。例如：春秋时期楚国令尹孙叔敖，位高权重，但他廉洁自律，让他的儿子住在偏僻的乡村务农，家境清贫，只是在他死后，楚王知道后才抚恤他的儿子。

与此相反，历史上有多少高官权贵，掌握一定的权力后，就肆无忌惮地提拔任用他自己的亲朋故旧为官为宦，形成邪恶势力，像人们所嘲讽的那样"一人得道，鸡犬升天"。对于这样的人，"避嫌"已经是一句言不由衷的话了。

俗语智慧

一事当前，避嫌或不避嫌，关键在于是出于公心，还是个人私念做祟。出于公心避与不避都表明心地坦然，光明磊落；出于私念，即使去避更显得龌龊卑下。总之，是"嫌"应当回避，不是嫌应当仁不让，敢做敢为。同时，避嫌也是特定情况下保护自己的有效手段。

103. 光棍不吃眼前亏

"光棍"这个词有两个义项：一是指单身汉，另外是指旧时地方上的坏分子，不务正业专靠欺诈勒索为非作歹的人，也就是地痞流氓这一类人。这句俗语现在泛指人们在突遭不测时，可以委曲求全的态度暂避风头。

句中"吃"字是承受；"眼前亏"，指临到自己头上的损失或不利的事情。按照常理常情，一事当前，应该爱憎分明，敢于当仁不让，敢于同邪恶作斗争，不能在暴力与威胁面前，表现出丝毫的怯懦，失去人格的尊严，但是"光棍"则不然，当形势对他不利的时候，首先考虑自己的利害得失，见风使舵，可以低三下四，可以卑躬屈膝，只图苟安一时，不仅不顾羞耻，反而堂而皇之地为自己辩白说"光棍不吃眼前亏"，把这句俗语当作一块遮羞布，收敛起往日狡猾而又凶残的嘴脸。更有甚者，光棍把自己称为"好汉"，把这句俗语改为"好汉不吃眼前亏"，当作振振有词的口实来美化自己。

"光棍"一词，在有的地方解释为"聪明人"，这句俗语也是在指"聪明人"的言行表现，他们在邪恶面前受到欺凌与胁迫，由于实力相差悬殊，不得不忍辱退让，保存实力。是出于无奈，不得已而为之，其情可原。

俗语智慧

这句俗语本身，对光棍是揭露他们卑鄙丑恶的本性；对"聪明人"也不失为有识的明智之举。

104. 好事不出门，坏事传千里

十分感人的好事应该宣扬，用以教育人们求取上进，但有时连门都出不去；然而，有些不值得称道，"有伤风化"的坏事却能迅速地传扬开来，并可以远传到千里之外耸人听闻。

所谓的"坏事"，大多是里巷之间的传闻，诸如婆媳不合，兄弟反目，偷鸡摸狗，个人隐私，生活绯闻等等，并不是指为人们深恶痛绝的丑事或恶行。这种"坏事"常被一些喜欢多事，甚至幸灾乐祸的人，拿来作为他们的谈资，到处传播，沸沸扬扬弄得满城风雨。

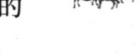

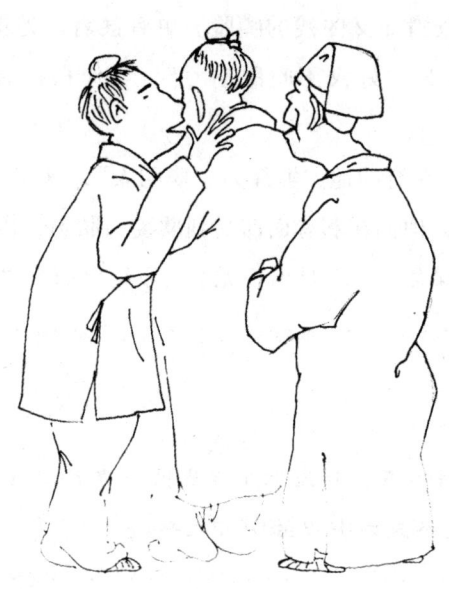

常言说："闲谈莫论人非。"这是一句劝诫人们谨言慎行的话，须知"来说是非者，即是是非人"，当你跟着别人乱传闲话时，你其实就是在降低自己的格调，让自己变成了一个搬弄是非的"大嘴巴"。

古人主张"隐恶扬善"，其目的并不是纵容坏人做坏事，这是一种教化的手段，是从正面进行教导，让好事得以褒扬，让坏事受到警示，从而形成良好的社会风尚。如唐代古文家韩愈撰写的《原毁》一文中有一段话，大意是："要求自己要严格周全，要求别人要宽容和少。对自己要求严格周全就不能怠惰；要求别人宽容和少，人们就乐于做好事。"

俗语智慧

真正的好事应该让它走出门来，所谓的坏事应该让它关在门里，因为是非自有公论，何必非要去做饶舌的人。

105. 好铁不打钉，好男不当兵

好铁材不用来打制（微不足道的）钉子，好人不去当（与匪一家的）兵丁。

俗语中的前一分句"好铁不打钉"，它不难理解，因为好铁用来打钉，就等于糟踏了好铁的正常使用价值与功用。这是对好铁的一种浪费。在句中只是以这种事物作喻，用此形象来烘托，突出点明后一分句"好男不当兵"的含义。

旧时，"好男不当兵"这句俗语，其实是有一定历史背景的。如果当兵是为了保家卫国，自然应当义不容辞。但在旧社会，封建王朝的统治者征召青壮年男子当兵，目的是对内镇压人民，对外进行征伐，士兵成为了统治者御用的战争工具，士兵的流血牺牲变得毫无意义。

历史上有些统治者好大喜功，穷兵黩武，战争给国家和人民带来灾祸与不幸，唐代就有许多以揭露与抨击战争给老百姓酿成苦难为主题的诗歌，如：王昌龄的《从军行》中"撩乱边愁听不尽，高高秋月照长城"；刘禹锡的《望夫山》中"终日望夫夫不归，化为孤石苦相思"；王翰的《凉州词》中"醉卧沙场君莫笑，古来征战几人回"；杜甫的《兵车行》中"信知生男恶，反是生女好；生女犹得嫁比邻，生男埋没随百草；君不见青海头，古来白骨无人收"。这些诗句深刻地反映了战争给百姓带来的灾难，也充分地表达了诗人的反战情绪。

> **俗语智慧**
>
> 今天,势易时移,当然好铁仍然不能用来打钉,但后一分句在意义上再不能与之并列,而是相反,应该改为"好男要当兵"。

106. 家有二斗粮,不当孩子王

家里哪怕只有二斗存粮糊口,也不去当像个孩子王似的教书先生。

过去,封建社会有钱人家的子弟自幼读书,目的就是"学而优则仕",意思是指学习成绩优秀就可以做官。宋代著名古文家、曾做过右丞相的欧阳修,曾写过一篇《相州昼锦堂记》,文章的开头,直言不讳地阐明自古以来读书人的志向:"仕宦而至将相,富贵而归故乡,此人情之所荣,而今昔之所同也。"就是说:登朝做官能够当大将、宰相,家富身贵而能归返故乡:这是大家都认为非常光荣的事,而又是从古至今都一致公认的。可见旧时读书就是为了做官,如果满肚子的学问不能"卖与帝王家",那也就等于白学了。

那时候的读书人都是四体不勤,五谷不分,一旦科考落榜,有点本事,口齿伶俐的可以去做当官的幕友或门客。如果投靠无门,最后的出路就只能寻一个村或乡镇间的私塾,教授几个孩子念书识字,做启蒙先

生,以微薄的收入养家糊口。所以这种营生地位低下、受人轻视极不得意,于是就有了这句"家有二斗粮,不当孩子王"的俗语。

旧社会把人分成三六九等,社会地位有高低贵贱之别,"孩子王"就被视为卑下的工作。这种思想也一直延续下来,给教师这种神圣的工作蒙上了一层阴影。但现在这种极为陈腐的观念,已经像阳光照耀下的冰雪一样,逐渐消融净尽,受到彻底的否定。

俗语智慧

今天,无数不可辩驳的事实证明:一个国家立国之本是教育,培养人才更是百年大计,因此教书育人的工作受人尊敬和重视。在社会发展繁荣的进程中,教育是一项光辉的事业。总之,两种不同的社会制度,必然是两个不同的天地,今天的新型知识分子与过去的读书人已经是不可同日而语了。

五、社会经验篇

107. 节好过，年好过，日子难过

节日好过，年关好过，漫长的日子最不好过。这句俗语形容困难的家庭生活的艰难。

在旧社会，穷人家的孩子，总是特别地盼望过节过年，因为到时候能吃上几顿较好的饭食。为了哄住孩子们的纠缠吵闹，有人编出了"小孩、小孩你别馋，过了腊八就是年；小孩、小孩你别哭，过了十五就宰猪"这样的顺口溜。顺口溜中的"馋"和"哭"两字，则让我们看到了这些贫穷人家的平时日子，过得是怎样地艰难。

农历总共有三个节日，分别是元宵节、端午节、中秋节，再有一个迎新送旧的春节，也叫作过年。它们加在一起不过十天。同一年三百六十五天相比，只是三十五分之一，其余的三百五十几天，则要一天一天地挨下去，所以才有了这句"节好过，年好过，日子难过"的俗语。

俗语中的一个"难"字，道尽了旧时贫穷百姓的眼泪和辛酸。一年四季春夏秋冬，大小老幼要吃要穿，其间若再有天灾人祸，日子就更艰难了。

俗语智慧

衣食饱暖也要想到一粥一饭来之不易，不能铺张浪费，俭朴是我们永远的传家宝。

108. 近朱者赤，近墨者黑

跟红色接近你就会变成红色，跟黑色接近你就会变成黑色。喻指身边环境对一个人深刻的影响。

战国时期著名思想家、政治家墨子，在他写的《所染》一文中，有这样的记述："有一天经过一家染丝作坊，看见染丝的时候，很有感慨地说："原来是白色的丝放到青染料里就染成了青色，放到黄染料里就染成了黄色。投入的染缸不同，染出的色彩也就不同，所以染色不能不慎重啊！"他又说："读书人也要受染的，如果他的朋友是仁爱正义的，为人敦厚谨慎而又守法，那么他的名声也会很好；如果他的朋友都是些狂妄自大的人，独断专行结党营私，那么他的名声就会一天比一天臭。"这篇文章通过染丝做比喻，说明环境对于人的巨大影响。由此人们概括出这句"近朱者赤，近墨者黑"的俗语，用以警示世人。

一个人生活与成长在一定的环境之中，所在环境中的各种人或各种事物，都对他起着潜移默化的影响，这是无法回避的客观现实。例如：战国末期著名思想家、教育家荀子明确提出"师法之化，礼义之道"的主张，认为只有这样人才可以为善。

俗语智慧

这句俗语给人以深刻的启示：要注重环境的影响，尤其是要善于择友，这关系到人一生的成长，关系到事业的成功与失败，正像墨子所说"不可不慎也"。

109. 救起落水狗，反被咬一口

救上落水狗之后，它反而会以怨报德地咬你一口。喻指对于陷入困境的坏人不要怀有仁慈之心盲目施救。

伟大的文学家鲁迅先生，在一篇《痛打落水狗》的文章中，揭露了落水狗的本性。狗可怜到落水，可是它爬上岸来仍旧是狗，仍旧要伺机咬你一口。所以对落水狗一定要痛打，不要再让它乘机咬人。正像人们所说的那样：对敌人的怜悯就等于对自己的残忍。所以，人们从生活的教训中，总结出这句俗语，给人以警示。

在《农夫与蛇》的寓言故事中，农夫在郊外看到一条冻僵的蛇，他出于恻隐之心把蛇拾起来放在自己的怀里，当蛇苏醒过来时，它并没有把救它的农夫看成恩人，反而狠狠地咬了农夫一口，结果农夫中了蛇毒痛苦地死去。文后的简评说：不能同情或怜悯像蛇一样的恶人，否则受害的只能是自己。

对人宽容是一件好事，但也要分清对象，如果你对凶狠的恶人也放松戒备，以德报怨，那就会给自己造成无法弥补的损失。

> **俗语智慧**
>
> 对那些像狗一样的恶人，咬人的本性难以改变，所以不能存有任何幻想，更不能被其伪装或假象所蛊惑。过去由于麻痹而付出生命的代价，应该牢记这血的教训，不能糊里糊涂地上当受骗。常言说："心慈面软遭祸害。"它时时刻刻地在提醒人们要擦亮眼睛，分清敌人和朋友。

110. 老不看《三国》，少不看《水浒》

年老的人不应读《三国演义》（免学其谋）；年轻人不应读《水浒传》（免学其反）。

历史上记述三国时期史实的有两部书：一部是西晋史学家陈寿撰著的《三国志》，另外一部是元末明初的小说家罗贯中编写的长篇历史小说《三国演义》。这句俗语中的"三国"，指的是《三国演义》，因为它的语言使用了当时许多口语，读起来较为通俗易懂，容易使人领悟。

三国故事内容丰富多彩，人物形象生动鲜明。写战争场面如身临其境，其间斗智斗勇，出奇制胜；写政治斗争如履薄冰，对内对外，钩心斗角，尔虞我诈，用尽阴谋诡计；刻画人物如见其人，多谋善断，运筹帷幄，惟妙惟肖。如：诸葛亮辅佐刘备鞠躬尽瘁，论定天下三分；刘备三顾茅庐礼贤下士；曹操的雄才大略，多疑善变；周瑜心胸狭窄，妒贤嫉能；关羽的忠义，张飞的莽撞等等。

老年人一生历尽人世沧桑，见多识广，从正反两方面都积累起许多为人处事的经验教训，如果再去看"三国"，就会心术更多，智谋更多。所以有人认为老年人不宜再看"三国"，担心难以与之为伍或难以与之周旋。

句中"水浒"，指的是元末明初著名小说家施耐庵所著述的《水浒传》，它成功地塑造了一些英雄人物，他们不畏权势，行侠仗义，敢于和官府作斗争，读起来让人觉得痛快淋漓。如：武松醉打蒋门神，鲁智深三拳打死镇关西，林冲被诬害逼上梁山，晁盖、吴用、阮氏三雄的七星聚义，劫取不义之财"生辰纲"等许多情节，突出地反映了这部书的主题思想——官逼民反，乱由上作而造反有理。所以历史上曾被统治者定为禁书，遭到封杀。

青年人涉世不深，阅历不多，所以他们思想活跃，血气方刚，容易接受正义与真理的激励，不畏强暴而勇于斗争。封建统治者担心青年人读了《水浒传》后，会更加无所畏惧，以至于犯上作乱。除此之外，有的人担心青年人会受《水浒传》影响招惹是非，逞勇斗狠，甚至误入歧途，所以主张不看也好，图个平安无事。

俗语智慧

今天看来"三国"和"水浒"这两部文学巨著仍然闪耀着永不褪色的辉煌光彩，都会从各自不同的方面给人以启迪与鞭策。所以不管年老与年少，都应好好欣赏。

111. 名师手下出高徒

有名望的老师能调教出技艺高超的徒弟。

老师的学识有渊博和浅陋之别，技艺有高超与低微之分，所以不同的老师教出来的徒弟水平也就有很大差别，往往是名师能教出出色的学生，因此人们就总结出这样一句俗语——名师出高徒。

泰豆氏非常善于驾车，于是一个叫造父的人就拜他为师向他学习驾车的技术。造父对泰豆氏十分有礼貌，对答之时总是毕恭毕敬，然而三年过去了，泰豆氏没有教给他一句话，造父对老师越发谨慎恭敬。这时，泰豆氏才教造父说："古诗中曾经这样说过：'好弓匠的儿子，一定要先学会编簸箕；好铁匠的儿子，一定要先学会缝皮衣。'你先看我的动作，等你的动作完全像我了，然后你就可以手持六匹马的缰绳，驾御六匹马拉的大车了。"

造父回答说："我一定遵从老师的教诲。"

泰豆氏便按照足步的疏密，把一根根木桩子竖立在地上作为道路，这条路窄得仅仅可以容得下一只脚，叫造父踩在上面行走，并且要奔跑来回，而不失足跌倒。

造父照这样练习，三天就掌握了全部的技巧。后来造父也成为了一个驾车高手。看来"名师出高徒"这句俗语真没错啊！

老师要教学得法，严格要求才能成为名师；学生要潜心苦学，遵从教诲才能成为高徒，所以"名师手下出高徒"也不是一件必然的事。

> **俗语智慧**
>
> 名师手下出高徒，不是出于偶然，而是师徒之间教与学相投默契，才能结出丰硕的成果。

112. 强拧的瓜不甜

瓜还未熟时勉强拧下来，吃起来也不会甜。

瓜熟蒂落这句成语是用来比喻条件成熟了，事情自然会成功。诸如"水到渠成"、"功到自然成"等成语，都是在表达和说明这种意思。而这句俗语恰恰相反：瓜不熟的时候就去把它拧下来，再好的瓜也不会甜。

凡事都不能勉强，迫不及待、急于求成的想法和做法，是不从客观实际出发，违反事物发展的自然规律的，结果只能是欲速则不达，甚至走向事物的反面。

这句非常大众化、口语化的俗语，它的引申义和比喻义使用起来很广泛，比如两家企业的合作，如果双方观点不一致，存在分歧，一方非常热心，一方却反应冷淡，那这种合作就很难达成。

再比如男女的感情问题。感情是一件必须得两情相悦的事情，如果有一方不情不愿，就算最后勉强结合到了一起，他们在婚姻中品尝到的也必定是苦果。

任何事情成败与否，效果好坏，都要从客观实际出发权衡利弊，决定进退取舍，而不能强求。强求一定会造成适得其反的结果。

俗语智慧

本是一颗甜瓜，却要在未熟之时"强拧"下来而变成苦果。人们应当从这生动形象的譬喻中，得到必要的启示。

113. 人老奸，马老滑

就像马老了变得滑头一样，人老了也（因其阅历增加经验丰富而）变得精明起来。

人老了，经历了一生的风风雨雨，终能总结出许多为人做事的经验和教训，因而，识别是非能力较强，不容易上当受骗或为人愚弄，有一个多思多虑的头脑。

一匹马被人役使了多年后，就开始变"滑"了。它知道什么路好走，怎么干活省力……而且老马识途，它的经验和本能就是它最大的财富。人老了不会像青年人那样精力充沛，行动利落，遇事果断，效率高而且快；马老了，也不会像壮龄的马那样体壮力强，役使时得心应手。他们的收获就是"奸"，就是"滑"。

> 俗语智慧
>
> 人老了，无能无为，但由于生活的磨炼懂得多一点事理人情，这是可贵之处。

114. 三百六十行，行行出状元

三百六十个行当，干哪一行只要用心努力都能干出成绩。"状元"一词，是科举时代的一种称号。专指进士及第的第一名。在这句俗语中是泛指，比喻在本行业中成绩最好的人。

社会上有很多行业，但这些行业是没有高低贵贱之别的，只有手艺精或不精的差别。

自古以来各个行业中曾出现过许许多多杰出的先进的人物，他们意志坚定，目光远大，在自己所从事的行业中刻苦钻研技艺而孜孜不倦，不断进行技术革新，用他们的汗水和心血，获得丰硕的成果，对人类的文明作出卓越的贡献。因此，人们总结出"三百六十行，行行出状元"这句俗语。

上古时代农业和医药的发明者神农氏、春秋时期被称誉为木作工具的巧匠和建筑大师的鲁班、铸剑国手欧冶子、撰著《孙子兵法》的孙武、经商致富的范蠡（陶朱公）、改进造纸术的东汉蔡伦和名医华佗、宋代首创活版印刷的毕昇、元代纺织专家黄道婆、明代编写《本草纲目》的李时珍，以及有史以来各种思想流派中诸多著名学者，他们在客观上推动了社会的发展与进步，在历史上留下了美名。

这句俗语除了它的本义之外，它还能让人领悟到：从事任何一种专业都要安于其位，并且要不畏艰苦钻研技艺，绝不能好高骛远或见异思迁。否则，有如"站在这山望着那山高，到了那山没柴烧"的比喻，其结果必然是平庸无为或一事无成。

俗语智慧

这句俗语，对勤学者是鞭策与勉励，对不务正业者是正告和劝诫。

115. 生姜还是老的辣

生姜越是老的越辣，喻指人年纪越大，经验越丰富。

姜是一种多年生草本植物的根茎，有辣味，是人们日常生活中常用的调味品，做汤做菜放上一点姜丝姜片，香辣可口，开胃健脾，它又可以入药，有驱风散寒的效用。姜生长时间越长，它的辣味越大。因此流传出"生姜还是老的辣"这样一句俗语。

这句俗语除本义之外，又多用来比喻老年人阅历深，见识广，因而经验丰富，智谋多，办事老练可靠。

记叙战国时游说之士的策谋和言论的汇编《战国策》中，记载的

"触龙说赵太后"的故事，是谋臣巧谏成功的名篇。史事的大概内容是：秦攻赵，赵求授于齐，齐要求用赵太后幼子长安君为质子才肯出兵。太后不肯，群臣劝谏，太后扬言再有长安君为质者就要"唾其面"。在这种情况下，朝中老臣触龙亲自出马了。他为了打破僵局，不谈劝谏之事，先问候太后的饮食起居，缓解紧张气氛。随后又谈论老年人溺爱幼子的心情，双方产生感情上的共鸣，暗中引发太后的心事，接着触龙请求太后安排他的幼子舒祺当一名宫中卫士，表明父母爱子女就会为之做长远的考虑，以此打下伏笔。随后又以太后爱其女儿燕后作为反衬，委婉地批评太后爱长安君爱得不深，不能为他做长远考虑。最终使太后同意以长安君为质于齐。触龙老谋深算，他先动之以情，后晓之以理，从而成功地达到了劝谏的目的。

俗语智慧

年轻人不能总等到自己年老后才体会到老姜之辣，在成长的过程中，就应注意多向前辈学习，才不至于多走弯路。

116. 盛世古董，乱世黄金

盛世以古董为贵，乱世以黄金为贵。

句中的"古董"也称为古玩，它是指古代留传下来的各种各样的器物，供人们品评、鉴赏，具有收藏价值。古董是宝贵的文化遗产，是富足的象征。试想一下，如果一个人连肚子都填不饱，终日为生计发愁，那他哪还有闲心品玩古董，所以以古董为贵往往说明这个社会安定太平，这个国家正处于欣欣向荣的盛世阶段。与此相反，社会动荡不安，国家政治腐败，民生凋敝，老百姓度日艰难，这样的社会只有黄金最为宝贵，因为黄金摔不烂，烧不坏，必要时还可以用它换回生活必需物品，熬过困苦的岁月，乱世中比起那些珍稀古玩来，黄金要实用多了。

历史在不断地改朝换代中变迁着，人们在动乱中总结出这句"盛世古董，乱世黄金"的俗语。这句俗语既表现了人们对太平盛世的期望和向往，又表现了人们对战乱社会的恐惧和不安。

俗语智慧

热爱生活的人们，都会一心一意地向往和希望在盛世之中生活，让那会带给人们灾难与不幸的乱世，永远消失在人们的憎恨和诅咒之中。

117. 天外有天，人外有人

我们看到的天虽然很高，但实际上长空外还有更高的天，一个人本领再强，但社会上还有很多本领更强的人。

"人外有人"句中的"外"字,不能理解为"外边"或"外面",应该解释为"以外",才能准确地把"人外有人"的意义表达出来,通俗地说就是"能人背后有能人"。

古书中有这样一个故事:张芬是南康郡王韦皋的门客,有一次在宴会上,另一个门客表演用绿豆击苍蝇的绝技。他用碗里的绿豆弹击苍蝇,每用手指弹出一粒绿豆,就击中一只苍蝇,一连弹十次,没有一次失手,引起全体客人的惊异赞叹。张芬站起来说:"不用浪费绿豆!"便伸出手指去捉苍蝇,他指出如电,正好抓住苍蝇的一双后脚,一连捉了好多只,没有一次落空。真是人外有人,天外有天啊!

无论学习还是工作,人与人之间都存在着高低的差别。当你认为自己学的很好或技艺很娴熟时,你应该想到"天外有天,人外有人",一定还有人比你更厉害,你还要继续努力。这种想法是很有益的,因为你一旦满足于现状,就会像人们常比喻的"学如逆水行舟,不进则退"那样,落于人后了。尤为严重的是,有的人有了一技之长后,就自吹自擂,自命不凡,甚至狂妄地炫耀于人,那就是大错而特错了。

唐代的杜审言,字必简,是杜甫的祖父。唐中宗时做修文馆学士,为人恃才自傲,曾对人说:"我的文章那么好,应该让屈原、宋玉来做我的衙役,我的字足以让王羲之北面朝拜。"杜审言有些太自不量力了，所以被后世的人们所嘲笑。这样骄傲自夸只能是显出了他见识的短浅，并没有人认为他的才能真的有那么大。他只能是贻笑大方。

常言说"虚心使人进步，骄傲使人落后"，一个人如果自以为天下第一而目中无人，陶醉于一时的成绩而妄自尊大，那么他很快就会被人远远地甩在后面。

俗语智慧

"天外有天，人外有人"这句俗语是一座警钟，在它敲响的时候，希望那些眼中无物，目中无人的人，能听到这清亮沏耳的钟声，真能从自己的得意与夸示于人的睡梦中醒来。

118. 养儿防老，积谷防饥

养育儿子可以防备老时无人养，积存谷米可以防备饥年没饭吃。

人们在实际生活中，都能了解或切实地感受到"养儿防老，积谷防饥"这句俗语的重要意义。句中的"积谷防饥"，是说有富余的时候，要攒下点粮食，防备饥年。这句话也是有现实意义：生活富裕的时候，多少也要有点积蓄，免得万一遇到天灾人祸时两手空空。

自古以来就是父母年轻时抚育子女，父母年老时子女再赡养父母，这是骨肉天性，也是天经地义的事情。旧时人到了老年无能为力之时，生活上需要有儿女的照顾与供养，否则会遭受饥寒之苦。所以把"养儿防老"当作极其重要的事情。

时至今日，"养儿防老"之说，仍然有一定的现实意义。广大农村，劳保机制还没能达到十分完善的地步。农民在自己的土地耕作劳动，年轻力壮之时，自食其力丰衣足食，但到了老年，需要依靠儿女们的奉养，除衣食之外，更需要在精神上有子女的关心与安慰。

今天的老年人大多会有些积蓄，不至于落到衣食无着的地步。但报答父母的养育之恩，尽些孝顺之道，仍是做子女必须做好的事情，否则又有何颜面谈为人之道呢。

> **俗语智慧**
>
> 人生一世从小到老，这是每个人都要经历的生活过程，一代传一代地延续下去。即使养儿无须防老，但在父母与儿女之间，存在的彼此相互关爱的思想感情，应该永远不能淡薄与泯灭。

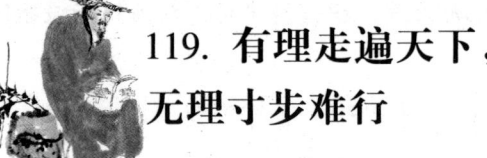

119. 有理走遍天下，无理寸步难行

有理则处处行得通，无理则步步走不动。

有理的言论或行动，在任何地方都能为人理解、赞同和接受；反之,无理的言论或行动总会受到人们的反驳和蔑视。

有人说话无理搅三分,但是正直的人还是会看破他"无理"的真面目,这种人最后只会落得个自讨没趣。

东汉末年,刘备和许汜闲谈,谈到徐州的陈登时,许汜说:"陈登文化教养太低,不可结交。"

"你有根据吗?"刘备感到惊异。

"当然有,"许汜说,"头几年,我去拜访他,谁想他一点诚意也没有,不但不理人,而且天天让我睡在房角的小床上。"

刘备笑着说:"他这样做是对的。你在外边的名气大,人们对你的要求也就高了。当今之世,兵荒马乱,百姓受尽了苦。你不关心这些,只打听谁家卖肥田,谁家卖好屋,尽想占便宜。陈登最看不起这样的人,他怎么会同你讲心里话?他让你睡小床,还算优待哩。若是我,就让你睡在湿地上,连床板也不给的。"

这句俗语,旨在指出任何人做任何事情要合乎事理人情,这样才能在与人交往中协调一致或配合默契,不会发生严重的分歧与差错。讲道理或不讲道理,都能反映或表现出一个人的道德修养水平,而同一个人知识多少倒无紧要关系。例如:一个普通的农民或工人,遇事能实事求是,秉公而论,就能得到别人的赞同;反之有的人虽有学识,但怀有偏私之心,尽管能言善辩,最终还是难逃别人的冷眼。

俗语智慧

在生活的现实中,多少无可辩驳的事实,都在证明"有理走遍天下,无理寸步难行"这句俗语的正确性和其重要意义,它成为关系到做人做事,一句永恒不变的至理名言。

120. 冤仇宜解不宜结

应抱着主动化解冤仇的态度，而不应随便与人结怨成仇。

旧社会有些地区，常常发生"打冤家"或双方械斗的事件。两个民族或民族内部之间，两个村寨之间或村内两族、两姓之间，由于土地山林的归属，河水使用量的多少，牲畜财物等诸多矛盾，双方常常发生纠纷，随之挑起械斗，结果双方各有伤亡，生产遭到严重破坏，这样仇怨结得更深，以致世世代代延续下去，无休无止。这毫无意义的争斗，使双方百姓的生活境况愈下，日子过得无比艰难。

后来人们从这血的教训中，深深地领悟出"冤仇宜解不宜结"的道理。同时它也成为老百姓口中用来化解矛盾的一句俗语。

这句俗语，直到现在仍然有着它一定的积极意义。从大的方面讲国与国之间，有时由于某种原因发生争端，双方都应该尽量克制，避免诉诸武力，应努力在谈判桌上求得问题的解决。从小的方面说人与人之间，难免会发生一些不愉快的事，导致双方产生嫌隙。这时就应该想到"冤仇宜解不宜结"，应该用宽容来融化凝结在双方感情上的冰冻，求得和解。

俗语智慧

常言说："多个朋友多条路，多个冤家多堵墙。"路通向四方，墙却堵塞出路。两相对比，自然有所取舍。因此，如果不是大是大非的原则问题，就不能睚眦必报结怨成仇。古人说："相逢一见泯恩仇。"从此天下太平，岂不是人人希望见到的盛世景象。

121. 嘴上无毛，说话不牢

年龄小往往说话办事不牢靠。

"无毛"指没长出胡须，表示年纪不大不够成熟，"牢"取其可靠的含义。"嘴上无毛、说话不牢"这句俗语不是空穴来风，而是事出有因。

有的年轻人，由于生活阅历浅，容易做事粗心大意，说话毛躁，对客观事物了解的不够深入细致，把握不好分寸，所以说话办事时往往出现这样或那样的错误。年纪大的人，遇事老成持重，审慎稳健，而年轻人说话办事总显得有些浮夸不实。如果针对这样的青年人，用这句俗语来比喻或加以责怪，引起他们的重视以便改正，倒也无可非议。但是这句俗语不能乱用，因为不是所有的青年人都是如此，如果用这句俗语来形容所有的青年人，未免过于片面和偏激。

事实证明，有的青年人，虽然年纪不大，但做事爽快认真，说话有理有据，胆识过人，并有独到之处。并不比年纪大的人逊色，如果也把这句俗语硬加在他们的头上，显得既不准确，也不公允。

俗语智慧

这句"嘴上无毛，说话不牢"的俗语，拿来形容那些说话不着边际，或言过其实的青年人则可，如果认为是青年人的通病则为谬误。

122. 当断不断，必受其乱

应当当机立断做出决策的时候而不做决策，只能自己承受犹豫不决造成的混乱局面。

常言说："机不可失，失不再来。"这句话点明了问题的关键所在。

同时在老百姓的口中也流传着一句"当断则断，不断则乱"的俗语，它们都在告诫人们要切实地把握好时机，要坚决果断地采取行动，否则不是坐失良机，就是招致挫折或失败。

司马迁在他撰著的《史记·项羽本纪》中，写了一段精彩的鸿门宴。记述了各自拥兵自重的项羽与刘邦明争暗斗的场面。在鸿门宴中，项羽明明占绝对优势，要除掉刘邦简直易如反掌，但由于项羽骄矜自负又优柔寡断，致使刘邦能在狡诈之中自圆其说，最后竟然借如厕之机而逃之夭夭。

鸿门宴上项羽没能果断采纳谋士范增趁机斩杀刘邦的计策，犯下了悲剧性的历史错误。此后，双方形势发生了根本变化：一个是由弱转强，一个是由强转弱，最后项羽在众叛亲离的情况下，终于兵败垓下，自刎于乌江江畔。项羽的悲剧就是对这句俗语的最好说明。

这句俗语警示人们：做决定时一定要果断、千万不能犹豫因循。做一个决定你虽然未必能成功，但拖下去你就一定会一无所得，甚至反受其害。

> **俗语智慧**
>
> 这句俗语，既十分明确又非常严峻地给人提醒：为人做事不能总是瞻前顾后，前怕狼后怕虎。要知道，即使不是最正确的决策，其效果也要比不能及时决策好得多。

123. 法网恢恢，疏而不漏

法律像一张宽广的大网，看起来疏而不密，但作恶者却不可逃脱，用以形容坏人终将受到惩罚。

社会上发生的经济犯罪或刑事犯罪等许多案件，是人类生活中丑恶与阴暗的一面。犯罪分子无论作案手段多么隐蔽狡猾，用心多么阴险狠毒，即使能得逞于一时一事，但是或早或晚都难逃法网。

常言说："若要人不知，除非己莫为。"犯罪分子在作恶之前，既丧失理智又心存侥幸，自以为诡计多端，能够逃脱法网。但事实证明这只是犯罪分子在痴人说梦，因为作案时总会留下破绽，留下蛛丝马迹。即使是一个指纹、一滴血迹、一丝头发或一双脚印，都会成为侦破的线索和证据。有的罪犯作案之后，潜逃、藏匿，甚至改名换姓到处流窜，到头来仍然被侦察人员从茫茫人海中抓获，受到法律的制裁。

俗语智慧

这句俗语，既说明犯罪分子逃不掉法律的制裁，同时也提示出正义一定会战胜邪恶。做贼都要心虚，何况那些严重危害国家和人民生命安全的罪犯？他们伤天害理的胡作非为，一定会受到应得的惩戒。古人说："天作孽犹可违，自作孽不可活。"从古至今，事实证明：毫厘不爽。

六

做事镜鉴篇

　　谁都想把事情做好,但因为每个人做事的指导思想不一样,方式方法不一样,其结果往往大相径庭。这方面的俗语有对反面的形象刻画,有对歪招诡计的辛辣嘲讽,有对成事途径的正确引导,实在是一面教人对照如何做事、如何做对事的宝镜。

124. 搬起石头砸了自己的脚

这句俗语，是表示这个人要采取某种手段或策略，去伤害或算计别人，而来谋求对自己有利的动作行为，但结果却适得其反，害人不成反倒伤害了自己——砸了自己的脚。

生活中有些人总想要算计别人，自己从中捞取好处，殊不知"算人者人恒算之"，这种人常常算人不成反害己，给自己惹来麻烦。

历史上曾发生过这样典型的事例，那就是魏、蜀、吴三国时期记述的"刘备招亲"的故事。东吴的孙权在周瑜的策划下，假借嫁妹为名，实则是骗刘备过江东，趁机将其杀害，达到兴吴灭蜀的初步图谋。但事出意料之外，由于吴国太和乔国老这两个人物的维护与周旋，不仅让刘备化险为夷，并且弄假成真，成就了一段美满姻缘。到头来是一方传为佳话，一方成了笑柄。这"赔了夫人又折兵"的传闻，在老百姓的口中，就演绎成"搬起石头砸了自己的脚"。

俗语智慧

今天看来，这句俗语仍有极深刻的警示作用。为人处世，应出于公正，出于与人为善，不亏心，不损人而利己，石头就不会砸落在自己的脚上。如果，石头真的砸在自己的脚上，也是自作自受，自食其果，要怪只能怪自己的居心不良，而怪不得别人。

125. 不到黄河心不死

只有到达黄河边,才算了却自己心中看到黄河的心愿。这句俗语喻指努力达成目标的信心和决心;也用来喻指对于不可能实现的目标仍然不知变通、一意孤行。

有人对黄河心怀向往,宁愿经历千辛万苦,像朝觐一样,去看黄河之水,才算了却心愿。因而流传出一句"不到黄河心不死"或"不到黄河不死心"的俗语。此后,人们用这句俗语来比喻人们在一些活动中,不达到目的决不罢休的决心;或是比喻已经无路可走还不肯死心的做法或表现。

这两个不同的寓意中,前者具有积极的意义:说明志向坚定的人,为了实现切实可行的目标,无论遇到怎样的挫折与失败,仍是不屈不挠地继续努力奋进,绝不半途而废。这种向上进取的精神,值得肯定,事实证明这样的人一定会取得成功。后者具有消极的意义:有一种人虽然主观上有自己的抱负和愿望,但没从客观实际出发,因而注定了再努力也是徒劳无功的命运。"知其不可"时就不要再"为之",执拗地硬拼蛮干是自找罪受,应审时度势地另做打算,从盲目中解脱出来,也不失为识时务的俊杰。但这种人却往往不能中途易辙,"不撞南墙不回头"说的就是这种人。

俗语智慧

在"不到黄河心不死"这句俗语的启示中，应从实际情况出发，可行则行，不可行则止，有所取舍，才不会误人误事。

126. 不见棺材不掉泪

棺材，它是用来装殓死者遗体的器物。如果这死去的人与一些活着的人有一定的亲情或友情的关系，那活着的人看到装殓死者的棺材时，必然引发他们的悲伤和痛苦，有的则会失声哭泣落下泪来。见不到棺材，人们还存在着微茫的希望，但一见棺材则就"盖棺事已"了。

"不见棺材不掉泪"这句俗语，既有它的本义，还有由它引申出的寓意。一是讽喻有些人做什么事情时，根据主客观的条件或情况，明明是做不好、做不成，又不听别人的劝阻而一意孤行，最后遭到挫折或失败，才有所警醒或改悔，但损失或危害已经无法挽回了。

另外，它还比喻某些坏人，作恶时无法无天，总要等到品尝自己一手酿造的恶果时，才开始痛悔前非。然而"自作孽不可活"，他最终也难逃正义的制裁。

旧时扬州有个李姓无赖，平时横行乡里，作恶多端。偷鸡摸狗，敲诈勒索，聚众闹事……乡民们对他又恨又怕，但拿他也没有办法。妻子

儿子几次劝他改恶从善,他却满不在乎地说:"老子谁也不怕,谁也不服!谁敢把我怎么样?"一次,李某闯进邻居吴某家中调戏其妻子,被吴某碰个正着。两人打了起来,李某顺手抓起一把斧头砍死了吴某。

"杀人偿命"李某被官府判以死刑,秋后处斩。在临刑的前一天,他的妻子买通了狱卒带了儿子来探望他,看着满面愁苦的妻子与年幼的儿子,李某泪流满面,连称自己是罪有应得,并让孩子千万不要走自己的老路,然而后悔已经太晚了,第二天李某就被拉去斩首示众,除了他的妻儿外,扬州百姓无不拍手称快。

李某正应了这句俗语所说的"不见棺材不掉泪"。常言说:"人之将死,其言也善。"但是虽然留下善言,仍然要受到正义的惩罚。

俗语智慧

这句俗语现在更多地被用作对固执己见、一意孤行者的训示和警告。不见棺材不掉泪,不看到结果便不能警醒,但结果已定,警醒也已晚了。

127. 常在河边走，哪能不湿鞋

常在河边走，就必定会被河水沾湿了鞋。意指如果经常接触某件事物，必定早晚与之沾惹上是非，扯上关系。

这句俗语，除表示本义以外，主要是以它对其他事物作形象的比喻，更是侧重于形容旧时官吏利用他们手中掌握的权力聚敛财物或接受贿赂，徇私舞弊中饱私囊，成为或大或小的贪官污吏。

常言说："三年清知府，十万雪花银。"一语道破旧时的官吏贪婪成性，祸国殃民。事实证明：历史上有两袖清风能为民请命的廉洁的官吏。如明代的海瑞、于谦，清代的林则徐等人，这样的英雄和楷模数不胜数，他们和那些贪官污吏正如泾渭之水清浊自分，永远不能同流合污。所以即使天天在河边走，只要心存警惕，能自戒自律，也就不会沾湿自己脚上的鞋。

> **俗语智慧**
>
> 这句俗语形象地点出了近墨者易黑的道理。实际上，这句俗语已不再局限于丑恶的事物，而是被更广泛地使用。

六、做事镜鉴篇

128. 打肿脸充胖子

为了能成胖子,不惜把自己的脸打肿以硬充。比喻在力量不济的时候,以虚假的方式来装点门面。

论起人的脸,长得有胖有瘦,长得胖,则是脂肪多;长得瘦则代表脂肪少,民间流行着一句极具讽喻意义"打肿脸充胖子"的俗语。它是一个非常形象的比喻,并不是真的有人用手把自己瘦削的脸,打得肿

胀起来，硬要充做胖子。而是意在讽喻有人做事不能正确估计自己的能力，去办力所不及的事情，为了达到目的，不得不弄虚做假，撑起门面。

常言说，量力而行才能行之有效；不自量力，一定是力不从心，必然失败。如果把脸打肿，脸部虽然会丰满一些，但也会呈现一种不可思议的病态，不仅损害自身健康而造成痛苦，别人也会看出端倪来，结果"充胖"不成反给人留下笑柄。

西汉刘安在他的《淮南子·人间训》中，有一则"螳螂搏轮"的寓言：齐庄公出猎，有一虫举足将搏其轮。问其御曰："此何虫也？"对曰："此谓螳螂者也。其为虫也，知进而不知却，不量力而轻敌。"这则寓言旨在说明勇敢而不量力，就会走向反面。早在此文之前，在《庄子·人间世》一文中，庄子说："汝不知螳螂乎，怒其臂以当车辙，不知其不胜任也。"以上古代两位学者，在他们的著述中，先后都以"螳螂挡车"的表现来喻人喻事，有力地说明了社会生活中存在着如"螳螂挡车"般不自量力的人，没有自知之明的人除了惹人耻笑外，很难成就大事。

为人做事需要的是求真务实，不需要浮泛虚夸，更不要不自量力，明明知道自己的能力无法承办自己力所不及的事物，却偏要逞强好胜，其结果势必自讨苦吃。

俗语智慧

这句俗语，旨在告诫人们：凡事要从主观与客观的两个实际出发。只有这样才能达到动机与效果的统一，否则，必然落个自误与误事。

六、做事镜鉴篇

 ## 129. 打死犟嘴的，淹死会水的

被淹死的往往是水性好而逞水中之能的人；被打死的往往是口才好而逞口舌之利的人。比喻一个人如果不能善加利用特长，反而会被特长所拖累。

这句俗语分别说明两种事物导致相同的结果。"犟嘴"是个贬义词，是说一个人过分固执，强辩，不肯服输，这样的人往往会给自己招来灾祸。

"会水"是一种救人或自救的本事。本事大能畅游江河，本事小也能保全自身性命，但会水结果却被水淹死。这超乎常理的不幸事件，确是时有发生。

有这样一件事：一名中年男子欲下水游泳，湖边几位散步的老者劝阻男子不要下水，以免水深发生不测。面对人们的劝阻，中年男子十分自信地说："长江我都能横渡过去，这人工湖我能游个来回，一点事没有。"说完脱衣服下水。男子下水后，立刻引来围观者。面对岸上的游人，中年男子游得十分潇洒，一会儿仰泳，一会儿蛙泳，一番中流击水后，男子又来了个海底捞月，一个猛子扎入水下。在人们对游泳者的水性赞不绝口时，男子却迟迟没有浮出水面。十几分钟后，人们意识到男子发生不测，赶紧打电话报警。民警赶到现场后，立刻组织打捞，半小时后，中年男子被打捞出水面，但此时这位自称曾横渡长江的男子，已无一丝气息了。

一条好端端的生命由于过于自负而葬身水底。如果能正确地估量自己的能力,并且能审慎行事,不去做不必要或毫无意义的冒险,就一定不会造成这种无法挽回的不幸结局。

有人说,这是事出偶然,不能把这件事看得太严重,但我们应该知道"偶然"与"必然"总是相对地存在,两者之间蕴含着一定的因果关系。一个人如果对自己的本事太自负,他就容易得意忘形而出事,所以才有那么多人大风大浪走过来了,最后却在阴沟里翻了船。

俗语智慧

有能而不逞能,才能将能力转化成实力。否则,就会像那位沉入水底的"会水"人一样,成为自己"能力"的牺牲品。

130. 当官不为民做主,不如回家种红薯

为官一方如果不能为老百姓做事,而是尸位素餐甚至罔顾民意,为一己之私或者个别人的利益牺牲大多数人的利益,那还不如回家种红薯的好。

这句俗语,可以从官与民两个方面、不同的角度来理解它的含义。从官的方面:是含有一定牢骚的自嘲与自咎之辞;从民的方面:是对官

抱有一定要求和期望的嘲讽。

　　先论官的方面，当然是指那些真正想为老百姓做点实事、好事的官，也可以说是上对朝廷有个交待，下能不负老百姓要求与期望的官。从政为官，尤其是那些施政于民的地方官吏，旧社会老百姓把他们当作"父母官"，因为他们最贴近百姓，百姓遇到不平也只能找地方官。这些地方官拿着国家的俸禄，就该尽职尽责，就算不能造福一方，至少也该不侵害百姓，断案时把一碗水端平，如果连这点也做不到，那就不配为官。

　　再说民众的方面，老百姓主观上总是希望在他们所在的地方，能有个较为公正廉明的官吏，为他们办点实事好事，不像那些如狼似虎的贪官污吏，骑在他们的头上作威作福、横征暴敛。希望自己能过上一个太平的日子。但是，如果连这点卑微的希望都将落空时，老百姓就会在背地里说出这富有嘲讽意味的怨言。

> **俗语智慧**
>
> 旧社会已成为过去的历史,但是,即使在今天的现实生活与工作中,有些为人民服务的公务人员,如果不能在工作上尽职尽责,那也要用这句俗语作为借鉴反躬自省或自问自责,免得最后为人不齿,为人唾弃。

131. 挂羊头卖狗肉

表面上挂着羊头做幌子,实际却从事卖狗肉的勾当。喻指表里不一,骗人蒙事。

旧时长江流域和中原地区的羊肉比狗肉稀罕昂贵,人们最常食用的是狗肉,集市上很多人都以屠狗为业。有的店家为赢得顾客心理上的满足,店外挂上一颗羊头,店里依然经营狗肉菜肴,因此就形成了这句"挂羊头卖狗肉"的俗语。

时至今日,羊肉与狗肉这两种食品的身价已经颠倒过来。羊肉已经成为人们生活中常食之物,偶尔到饭店吃一回狗肉,则是一种格外的享用,自然无须再有"挂狗头卖羊肉"之说了。

"挂羊头卖狗肉"已成为历史陈迹。但这句俗语的比喻义,仍然为人沿用。它意在揭露有的人表面一套,背地里又是一套;嘴上说的花言巧语，心里却是阴险莫测。譬如：明明是对别人欺凌或侵犯，却要说成是对人的爱护或帮助，诸如此类不一而足。

俗语智慧

这句俗语所含有的比喻意义，能给人以警示：在对人和事物中，不要被表面现象所迷惑，要清醒地认识与辨别，让这种欺人的伎俩永远为人唾弃。

132. 好汉做事好汉当

男子汉大丈夫做事不避风险、敢担当。

这句俗语，应从主观和客观两个方面来理解它的含义。

先从主观方面来分析："好汉"在这里是指勇敢坚强而又敢于承担责任的人。人不能预知未来，因此很多时候会犯下这样或那样的过错。这种错误很可能会产生一些严重的后果。在这种情况下，"好汉"是绝对不会逃避应负的责任的。他们既不会回避问题，也不会强调客观原因而诿过于人，他们在任何时候都会表现出敢做敢当的大丈夫气概。

再从客观方面来理解：一事当前，正确与谬误已经清楚，在明确过失责任的时候，有的人不去分析导致过失发生的原因，不问青红皂白，就用这句俗语刺激当事者，给他"将"上一军，这种做法显然缺乏热诚不够正确，也不是真正求得解决问题的方法；更有甚者，有的人为了转移视线，嫁祸于人，就用这句俗语来对人连敲带打，生活中，大家一定要多提防这种居心险恶，诱人上当受骗的卑劣行为。

俗语智慧

这句"好汉做事好汉当"的俗语，从好汉自身的主观意识来看，它具有一定的褒义，但从人们的思想感情上来说，就要认真地剖析与识别其用心或言外之意了。

133. 好了伤疤忘了疼

疤痕愈合以后就忘记了伤病时的疼痛，喻指不能从过去的错误中吸取教训。

有人患了疮疖，流脓淌血，疼痛难忍，后来经过悉心诊治才逐渐好转，但在痊愈之时，也留下疤痕。有的人因为这次疾病，精神与肉体都受到折磨，而能以"疤"为戒记取教训。了解病因之后能注意预防，使老病不再重犯。与此相反，有的人虽然有病受到很大的痛苦，伤好疤痕犹在，却不以为戒，结果再度感染，又呻吟于床褥之间，这时才开始后悔自己的麻痹大意。人们把这种人的表现用一句话来概括叫作"好了伤疤忘了疼"。

这句俗语的寓意，是在告诫人们犯了错误后应很好地总结经验，记取教训，免得再重蹈覆辙。不能像小孩子一样不长记性，招灾惹祸被大人斥责后仍然故态复萌，孩子是"少年不知愁滋味"，冥顽不灵还情有可原，如果已经是走上社会的成年人，还像顽童那样不识轻重好歹，那就只能自讨苦吃，自食其果，一点也怪不得旁人。

俗语智慧

"好了伤疤忘了疼"的人，或者是非利害观念非常淡薄，常常是自作聪明，自以为是，或者粗心和疏忽，或者明知故犯而自制力不强，这样的人，应该在严酷的事实面前猛然醒悟：已经遭到损失或伤害，那就应该认真考虑它发生的缘由或查其根源，从中汲取教训，以免再受其害，这也是吃了亏，长了见识。

134. 快刀斩乱麻

一团乱麻要理出个头绪，就要用快刀把乱麻斩断，喻指面对纷繁复杂的局面，不应左顾右盼而应当机立断。

历史上南北朝时期，北朝东魏有个丞相叫高欢，由于当时的政局动荡不安，他非常担心自己一家人未来的命运。因为有很多个儿子，所以他想考察一下儿子们的才智，看是否能解除他的后顾之忧。于是，他把儿子们召集来，每人发给一把纠结在一起的乱麻，要他们用最快的速度理出来。于是每个人都忙个不停，他们一根根地抽，一根根地理，有的则是越理越乱，没有个头绪。这时其中有个叫高洋的，他拿来一把快刀，手起刀落，把乱麻斩成几段，一下子就把乱麻理好了，他也是第一个把乱麻理好的人。高欢看在眼里喜在心头，认为将来高洋凭他的聪明智慧能有一番作为，后来高洋果然成为北齐王朝建国的文宣皇帝。人们把这个故事总结成一句"快刀斩乱麻"的俗语，并且引申为做事要果断，要能在纷繁复杂的事物中，抓住要害，才能很快地解决问题。

俗语智慧

处理事情要当机立断，不能优柔寡断，否则会纠缠不清误人误事。

135. 口服不如心服，降服不如敬服

"口服"是仅在口头上表示信服，"心服"是从内心里真正佩服；"降服"是使用武力镇压，迫使对方不得不服；"敬服"是以德感化，使对方从内心产生崇敬之情而甘愿拜服。口服与心服、降服与敬服，两两相比之下，口服或降服，远远比不上心服或敬服。事实证明其

效果都不可同日而语，因此人们从实际的经验教训中，总结出"口服不如心服，降服不如敬服"这句俗语，给人以深刻的启示。

古人说："攻心为上。"也就是以理以德服人。

历史长篇小说《三国演义》中，记述了西蜀丞相诸葛亮，在北伐中原之前，为巩固后方的安定，曾五次渡过泸水，深入不毛之地，同西南地区彝族首领孟获交战的故事。起初孟获联合其他部落的首领，共同与蜀军作战。在双方交战的过程中，诸葛亮运筹帷幄，巧施计谋，多次打败孟获所率领的彝族各部兵马，并生擒孟获本人。但每次擒获之后，并未将其杀戮或迫其降服，而每次都亲解其缚，以酒食款待，劝其不再为敌将其释放，孟获也多次表示今后不反，但归去之后，孟获仍然纠集人马进行报复，如此反复达到六擒六纵，直到第七次擒住孟获，诸葛亮依然以礼相待，这时孟获才被诸葛亮感化，真正理解了诸葛亮愿与他和平相处的愿望。孟获心服口服之余终于谢罪曰："南人不复反矣！"

诸葛亮用兵西南与彝族作战，使用以德服之的策略，确实达到了解除后顾之忧的目的，比起凭借武力降服于人，更加难能可贵。

> **俗语智慧**
>
> 做人要以德为立身之本，对人对事也要以仁义为重，这是为人处世的正道，其结果一定能赢得人心。

136. 量小非君子，无度不丈夫

气量过小算不上正人君子，胸怀不宽不是做大事的大丈夫。

"君子"是古代对有品德的男子的称谓，也被认为是博闻强识（"志"的通假字，"记"的意思）而让，敦善行而不怠的人；"丈夫"一般是男子的通称。在句中可以理解为大丈夫，泛指有大志，有作为，有气节的男子。

句中的"量"是指能容纳或经受的限度；"度"是指对人对事宽容的程度，"量"与"度"这两个单音节的名词，有时因词义相同而构成联合型的合成词。"度量"意为气量能容纳忍让的限度。

量与度的有无或大小，是一个人的修养高尚或低下的一个非常明显的标志。今天看来，这句俗语仍然有着积极的引导作用。因为它要求人们对人对事要讲求宽容忍让，要有度量，不要斤斤计较分毫不让，更不能心胸狭窄睚眦必报。

常言说"宰相肚里能行船"，一个能成大事的人一定是一个胸怀宽广，不计较小是非的人，度量大一点对为人处事都是有得无失，有利无害，这样的作为与修养，仍然值得我们提倡。

六、做事镜鉴篇

俗语智慧

平常无事无争之时，一个人的度量大小，倒也无关紧要，但遇上具体的难于解决的问题或者出现双方纷争不下的关键时刻，却因为某方或双方有量有度而得到排解。如果与此相反不是量小就是无度，就很容易引发或激化更大的矛盾，甚至出现不可收拾的严重后果。因此，对这句俗语，不能不十分认真地从正反两个方面，考虑它的一得一失的裨益与教训。

137. 临阵磨枪，不快也光

上阵之前临时把枪打磨一下，即使不会锋利多少，至少能更光亮。比喻事到临头做一下准备总会有些用处。

临到上阵作战之前，兵士会匆忙地把手中的枪，拿起来磨一磨，磨去一层铁锈也许还是不够锋利，但至少看上去光亮一些。这句俗语旨在说明：做事前要有充分的准备，这样才能取得成功。如果你总是"临阵磨枪"，那恐怕办起事来你就会手忙脚乱，把事情弄糟。

比如：有的学生，由于学习态度不端正，平时不勤学苦练。临到考试之前不眠不休地突击复习功课，其结果也像临阵磨枪一样，成绩终是不能尽如人意。又如：有人在一些事务处理上，由于事前没有充分的准备、周密的计划安排，更无应变的对策，只好临时想些权宜之计，这样一来事情也很难处理好。

上述两种情况，正如有人平时不烧香，临时抱佛脚一样，神佛不会有求必应；又如被迎娶的新嫁娘要上花轿之前，才按照习俗在耳朵上扎出戴耳环的小孔，势必流血不止。凡此种种，不是误人误事，就是贻笑于人。

这样看来，这句俗语对人对事不能起到积极的作用，反而会产生负面的影响。所以它是一句含有揶揄意味的俗语，大家都必须以此自警自戒。

俗语智慧

古人说临渴穿井，临渊结网，都是用来比喻事先毫无准备，等事到临头才动手想办法，这绝不会达成预期的结果。因此应该从这句俗语中接受教训。总结过去的缺欠或不足而能"亡羊补牢"，才能有备而无患，不致再重蹈覆辙。

138. 马到悬崖收缰晚，船到江心补漏迟

快马跑到悬崖边再收挽缰绳已难逃坠崖的厄运，船行到江心才想起来弥补漏洞也难免要船沉江底。比喻改正错误要抓住正确时机，不能祸已酿成再思悔改。

这句俗语刚一触目就会使人想到两幅画面：一个是收缰已晚才落下悬崖，摔得粉身碎骨；一个是补漏太迟才沉没水中，遭受灭顶之灾。但要仔细推敲句中文意就会发现，之所以会发生使人触目惊心、无可挽救的惨痛事件，是因为马跑到了悬崖、漏船开到了江心，这时再想回头太晚了。如果再进一步追根问底，就会更加明白：这是骑马的人没有考虑悬崖是绝地；驾船的人没有事前想到漏船到江心会沉没。因而才有"收缰晚"、"补漏迟"这样血的教训。

两幅画面各自描绘的内容虽然不同，但表达的意思都是一样的：在事情还不算太糟时就及时收手和补救，不要等到无可挽回时再后悔。

人们在做事、尤其是在处理或解决关系到自身安危的重要事务时，一定要事前进行策划，要分析研究实际情况，然后慎重从事，不能草率和掉以轻心，不能冒险而心存侥幸，未到"悬崖"时就早早"收缰"，船未出航前就补好"漏洞"，这样一来就安全无忧了。

俗语智慧

这句俗语所产生的启示作用，就在于给人敲起了警钟，能防患于未然，不再蹈此覆辙。常言说：世上没有地方能买到医治后悔的药。因为事后懊悔，为时已晚已迟，什么都来不及了。

139. 天下兴亡，匹夫有责

"天下"指国家，"匹夫"，古时指平民中的男子，也泛指无知识无智谋的一般人，但是在关系到国家和民族兴亡的时候，匹夫也有责任和义务保卫它，所以自古以来，在人们的口头上广泛传扬着这句"天下兴亡，匹夫有责"的俗语，用它来激发人们的爱国热忱和坚决的抗敌斗志。

当国家遭受外敌侵略的时候，那些热爱祖国、热爱乡土的各个阶层的人士，上至学识满腹的知识分子，下至无知无识的平民百姓，都以满

怀激情，一腔热血，义无反顾地投身到抵御外侮的斗争中去，英勇地保卫自己的家园。

例如：在近代的抗日战争中，中华民族到了最危险的时候，学生投笔从戎，商贾包括海外侨胞捐献钱物，购买飞机大炮，工农群众全力支援，前线士兵浴血奋战，抗日的烽火遍地燃烧，抗日的歌声响彻大江南北。全国上下，亿万军民同仇敌忾、抗争到底，最后终于取得了抗战的胜利。一些平民可能讲不出忧国忧民的大道理，但他们却深知"有国才有家"，为了保卫自己的祖国，自己也必须扔下农具到战场上去杀敌。

这句俗语具有着无比的号召力、凝聚力。它使爱国的豪情，民族的正气永远回荡在天地之间。

这句俗语同样适用于和平年代，也就是说在国家振兴，繁荣发展的时候，"匹夫"更是要责无旁贷地投身到如火如荼的建设热潮中去，让祖国更加繁荣富强。

俗语智慧

长期生活在和平的环境里，人们对这句俗语的感触不是那么深刻。实际上在和平年代，我们也应牢记这句话，并以之指导我们的工作、生活，我们的国家、民族才不致重蹈历史的覆辙。

140. 巧妇难为无米之炊

再心灵手巧的媳妇也不可能做出没有米的饭。

大家都知道,无论怎样心灵手巧的媳妇,也做不出没米的饭来。它的喻义则是:做事缺乏必要条件就无法成功。当人们面对某种事物,因为缺乏必要条件表示无能为力,无可奈何之时,就会以"巧妇难为无米之炊"这句俗语来自我解嘲。

例如:有的人聪明能干,精通财经贸易方面的知识和业务,希望在这方面有所发展,但却缺少一定的资金投入,结果只能是一筹莫展。又如:一位冶炼专家,研制出生产各种优质、特型钢材的技术。但现有的高炉设备却不合乎需要的条件,那他也就只能望洋长叹。

不过"无米"人也还是要吃饭的,面对缺乏必要条件的情势,应该发挥人的主观能动作用,不是消极地望而却步,而是积极地想办法解决问题。常言说,车到山前必有路,没有米确实烧不出饭来,但不能因此就忍饥挨饿。应该认真寻求变通的方法,不能等着有人把米送到手上。

> 俗语智慧
>
> 自古以来，人类的文明进步，社会的发展繁荣，都是在人们的不断探索与锲而不舍地追求中，才能逐步获得新异的效果或巨大的成功。因此，认识与分析问题，不能陷于教条式的理解，既不能简单化，也不能绝对化。一时一刻则可，但一世不变则不可。

141. 人无远虑，必有近忧

这是人们从社会生活实践中，总结出具有一定因果关系的发人深省的一句俗语。"远虑"与"近忧"是指关系到大至国家社会，小到个人家庭重要事物的安危得失。

一个人考虑事情时目光一定要放的长远些，目光太过短浅就一定要吃亏。

兴建一个大型水利枢纽工程，虽然工程复杂、耗资巨大，但却可以起到防洪、灌溉、发电、航运、养殖等诸多方面的作用，这是关系到国计民生的长远规划，如果不做这样的长远考虑，就会随时受到洪水泛滥的危害。

一个家庭的收入，除去实际需要，每月都应有一定的节余，如果把

所有的钱都花光,不做"有时防备无时"的必要筹划,不去考虑储存"不时之需"的钱物,那么,一旦遇到困难或有意外之用,就会手足无措了。

  目光短浅的人,只贪图眼前利益,不做长远考虑,所以常常为了一点蝇头小利惹来"近忧"。春秋时期,晋献公向虞国借路去攻打虢国,虞国国君贪图晋献公赠送给他的宝玉和骏马,答应了晋国借路的要求,虽然虞国大夫宫之奇以虞国和虢国是唇齿相依的关系,用"唇亡齿寒"的利害再三劝阻,但虞君却执迷不悟,结果虢国被灭亡之后,晋国军队回过头来又灭亡了虞国。先前送给虞君的宝玉和骏马也回到了晋献公手里,这时晋献公洋洋得意地说:"宝玉还是原来的老样子,只是我的骏马的年龄比以前稍微大了一点啦!"

六、做事镜鉴篇

> **俗语智慧**
>
> 这句俗语正告人们：能有远虑才无近忧；不忘思危才能居安。

142. 三个臭皮匠，凑成一个诸葛亮

即使是三个皮匠凑在一起，也能顶上一个诸葛亮的智慧。

皮匠师傅在他们的名称前面，为什么要加上一个"臭"字，这是因为旧社会制造皮革是很原始的手工操作过程，首先把那些屠宰后的牲畜，牛、马、驴、羊等带血的皮剥下来之后，先放在石灰水里浸泡。沤上一定的时间，才能捞出来进行第二道工序，用刀刮去皮上的毛和皮里的内膜。这样他们在沤制和清理皮毛之时，在臭气熏染的作坊里，弄湿弄脏衣服和手脚，沾染上难以去掉的臭味。这个"臭"字，也在表示皮匠做的是粗重的体力劳作，没有很高的技术含量，所以皮匠就等于是头脑简单的粗人。

句中的"三"字是确数，也可以理解为表示多数，目的在说明：一个人再聪明，想出的主意或办法再多，也比不上多数人集中在一起，考虑问题的主意或办法周到，这是因为人多能收到集思广益的效果。

"凑"字是聚集的意思，三个顶上一个，旨在说明人多出智慧，人多主意多、办法多，常言说"人多出韩信"也是这个道理。

俗语智慧

这句俗语论说三个凑成一个的提法，当然不能教条地或机械地理解或认定，而要深刻地体会它的真正含义。因为，凡事除了个人的努力之外，还要依靠大家把事情办得圆满，办得更好，取得事半功倍的成效。所以不能只相信自己的能力，轻视群众的智谋和力量。如果能够树立起正确的群众观点，并且能见诸实际的言行，也就没有什么解决不了的问题。

143. 杀鸡给猴看

杀鸡的目的是为了镇服猴子。喻指以旁敲侧击的方式产生威慑力量。

旧时江湖艺人往往会牵着几只猴子，在闹市街头让猴子给路人耍把戏。如：让猴子翻筋斗、骑车、坐在车上赶羊拉车。接着是猴子敲着小铜锣绕圈，向人讨要观赏的钱。仔细观察就会发现猴子在做着各式各样"表演"的同时，眼睛总是不时地盯着耍猴人的脸色和手中的鞭子，露出一副可怜相。为什么一身野性难改的猴子，能那样驯服地让耍猴人任意驱使而唯命是从？原来驯猴人自有一招妙计：猴子被人捉住之后，虽然用锁链牢牢锁住,仍然是上蹿下跳,想伺机逃跑不肯就范,驯猴人就采用杀鸡给猴看的办法,来制服猴子。在猴子眼前,把一只活鸡捉住,用刀将鸡喉咙割断,让喷出的鲜血溅满地上,鸡在挣扎中死去,看到这血腥的场面,猴子在惊吓之中,产生极大的恐惧,生怕自己像鸡一样被杀掉,从此只好任其摆布,被其驯化。

所以人们就总结出"杀鸡给猴看"这样一句俗语,生活中,一些领导者也常用这种方法管理部下,而且这种杀一儆百的做法通常很有效。

俗语智慧

杀鸡给猴看这种杀一儆百的做法,是人们常用的一种做事策略。比如对一个工作单位中出现的害群之马,要给予坚决的惩处,以警示他人不要重蹈覆辙。

144. 善有善报,恶有恶报

做好事一定会有好的报应,做坏事必然遭到不好的报应。它表达了人们除恶扬善的美好愿望。

中国人相信因果报应,认为"积善之家,必有余庆;积不善之家,必有余殃。"

近代的窃国大盗袁世凯，从一个训练新军的统领开始，居心叵测而极尽钻营，利用伪装和两面手法，以变法维新人士的生命和鲜血，换得他的高官厚禄，在得势之时，当上欺世盗名的总统。对内凶残地镇压革命，对外出卖国家和民族的权益，最后在皇帝梦中成为过街老鼠。

袁大头恶贯满盈，被钉在历史的耻辱柱上，遗臭万年。

这句俗语中的"报"字，作"报应"解。报应一词原是佛教用语。指种善因得善果，种恶因得恶果。

"善有善报，恶有恶报"，其实是健康社会的重要标志。它意味着社会的正义；对有益于社会的行为给予奖赏，对危害社会的行为给予惩罚。假如人们行善得不到应有奖赏，比如见义勇为不但流血还得流泪，诚信经商并未因其诚信而在市场竞争中占得先机，反倒被人讥为傻子，那么，还能有多少人经受得住如此严峻的考验而义无反顾？

同理，如果恶行受不到应有的惩罚，甚至还会得到奖赏，其后果必然是造成挡不住的诱惑，使作恶者愈加有恃无恐，使原本善良者受到侵蚀。

所以在文明社会中，行善虽不一定得到善报，但作恶却一定会受到严厉的惩罚。

俗语智慧

当今社会，我们行善不一定非要强求什么善报；同时也不用指望恶行一定得到及时的恶报。但有一点是肯定的，如果人人心存善念，这个社会会变得越来越美好。

145. 上梁不正下梁歪

房子的上梁下梁关系紧密,上梁如果已经歪斜了,下梁也必会不正。喻指根本的上层的问题不解决好,其他问题就无法解决。

梁是指木结构的屋架中,顺着前后方向架在柱子上的长木,它是水平方向的长条形承重构件,所以盖房在建起房架子的时候,首先是要放正房子的上梁,让它支撑四方。旧时的习俗,上梁时还要在梁上挂上写有"上梁大吉"字样的红布,祝告吉祥如意。可见它在整个房屋建筑结构中的重要作用。假如上梁不正必然导致下梁歪斜,会严重影响房屋的质量,轻则减少房屋的使用年限,重则会造成房倒屋塌的严重后果。因此人们用"上梁不正下梁歪",或说成"上梁不正底梁歪"这句俗语,表明上梁正与不正直接关系到下梁的正和斜。

这句俗语比喻义是说:一个领导者如果不能以身作则,公平公正地做事,那么下属也必定上行下效,跟着变"歪"、变坏。

比如:一个家庭,当家长有长者风度,治家有方,老少长幼,兄弟妯娌之间有亲情,无纷争,结果是家和万事兴;反之,若主事之人无规无矩,或有偏私,其他家人也会跟着不守规矩,钩心斗角,最终导致家道中落,分崩离析。

俗语智慧

"上梁不正下梁歪",这句俗语虽然通俗浅显,但它给人的启示意义却十分重要,它所预见的危害异常严重,不能不防患于未然。所以,常言说,凡事须先正己,然后才能正人。

146. 舌头底下压死人

一个小小的舌头能够"压"死一个活人。喻指语言的力量能够定人生死。

古希腊寓言作家伊索，有一篇寓言是叙述舌头的故事。内容是：伊索是一家富人的管事奴隶，有一天富人告诉他要招待贵客，吩咐厨师准备好丰盛的菜肴。等到宴饮开始，端上来的一道道菜都是用各种禽兽的舌头烹制成的。事后富人责问伊索为什么都要用舌头做菜？伊索不慌不忙地回答说："舌头是世上最好吃的菜，因为所有好话都是由舌头说出来的，可以把人赞扬得使天下人羡慕，令人五体投地而誉满天下。"过了几天，富人又告诉伊索准备最不好的菜，给那些讨债的人吃，开饭时，端上来的菜还都是用舌头烹调出来的。富人非常恼怒地指责伊索："为什么给这些讨债的人吃这样的菜？"伊索仍然慢条斯理地回答富人说："舌头是世上最好吃的菜，但它也是世上最不好吃的菜，因为一切坏话也都是用舌头说出来的，它能够把人贬斥得无地自容，自去寻死觅活。"听了伊索的辩解，富人也只好不了了之。

常言说"人嘴两层皮，好话坏话都由你"。好话出于好意，对人自然不会有什么危害，但是坏话，尤其是那些没有一点来由或没有根据的闲言碎语，或是中伤诽谤别人的坏话，却是十分危险和可怕，所以人们常用"舌头底下压死人"这句俗语作比。

俗语智慧

古人说："人言可畏。"它不仅有关个人的毁誉，更是关系着身家性命。

147. 世上没有能治后悔的药

如果说"后悔"是一种病的话,世上无论如何也找不到能治疗这一顽疾的药物。喻指遇事应事前慎思而不能总是把事做错再后悔。

公元前495年,吴王夫差大败越军,并将越王勾践困在了会稽山中。勾践派大夫文种带了大批美女和珍珠宝器去向吴王求和,吴王的宠臣太宰相由于收了越国的重礼,也帮着文种拼命说好话。夫差起初并不同意,但是架不住太宰相的花言巧语,最后还是答应了,但他还是提出了要把勾践夫妇押往吴国作为条件。伍子胥告诫吴王说:"勾践是个贤明的君主,如果现在主上赦免了他,将来必为大患。"他主张立即将勾践杀掉。但吴王夫差却没有听从伍子胥的劝告,退兵回国了。此后的10年里,勾践卧薪尝胆,尊士爱民,国势一天天又强盛起来。这时,吴国因与鲁、齐等国连年战争,元气大伤,勾践就抓住时机,一举大败吴军,还把夫差困在了姑苏山上,吴王夫差派出大夫公孙雄向越王求和,越王勾践派使者对吴王夫差说,打算把他安置在甬东让他治理百户人家。吴王夫差听了羞愧难当,恨自己当初没有听伍子胥的劝告,而现在再后悔也太迟了,便自杀而死。至此吴越争霸结束。

常言说:一失足成千古恨。这"失足"往往都是咎由自取,比如说有的人刚愎自用,不信众言;有的人做事只看眼前不想后果,既然知道世上没有卖后悔药的,何不早点警醒,执迷不悟只会越陷越深,等到"眼前无路"时,再想回头已经太迟了。

俗语智慧

与其事后痛心疾首，何不事前衡量再三。一句话，能抵得住生活中各种各样的诱惑，就能少做让自己后悔的事情。

148. 贪小便宜吃大亏

因为小便宜背后常藏有陷阱，所以贪图小便宜往往反而会吃大亏。

好贪小便宜的人常常容易吃亏，哪有天上掉馅饼的好事，如果真有这种事，馅饼里也多半夹着毒药。

《刘子新论》中有一篇寓言：蜀国的君侯是一个好贪小便宜的人，秦惠王看准了他的这个弱点，就想把蜀国吞掉。然而蜀道艰难，一路山涧峻险，军队不罗通过，所以强攻不是好办法。于是秦惠王就针对蜀侯的弱点，想出一条计策。他让工匠用石头雕刻了一些石牛，又把很多金子和丝织品放在牛屁股后，并放风说这些金帛是牛拉的粪，然后将它们送给蜀侯。蜀侯贪性难改，果然中计，下令挖山填谷，修平道路，然后派遣五千力士搬运赠送的石牛。这时，秦国的军队，悄悄跟在后面，很顺利地就占领了蜀国。蜀侯最终被弄得国破身亡，为天下人笑。之所以落此下场，就是为了贪图一点小利，结果却失去了天下。

　　愚弄人的伎俩,能够一时得计,使人受其蒙骗。现代社会中有些人,尤其是中老年人,买东西时总希望能买到点便宜,碰到价格低廉的商品时,就争先恐后地买下,当时也不认真地加以甄别选择,事后知道吃亏,如梦初醒,也只能自认晦气。

　　此外,这句俗语的含义,不仅仅局限于购置商品之类的事情,它还有更深层次的泛指寓意。很多时候,人们都会因为贪小便宜而失去大利,做人如此,做事也如此。这句俗语所显示出的小与大的利害得失,令人深思与警惕,不要因小而失大,因利而受害。

俗语智慧

常言说，没有小心吃亏，只有大意上当。因此，为人做事只要不贪图一时的便宜，就能心明眼亮而不会吃亏受骗。

149. 若要人不知，除非己莫为

做某件事要想不被人知道，唯一的办法是不去做这件事。

常言说："没有不透风的墙。"这句老百姓口中的大实话，就是给"若要人不知，除非己莫为"这句俗语下的一个形象而生动的注脚。

试看那些被公安部门侦破的各式各样的刑事案件，那些站在被告席上的被告，何尝没幻想过他们的所作所为不会让别人知道，但到头来无论他们谋划得怎样诡秘与狡诈，最终都会被查得一清二楚。

再如，社会上发生的那些假公肥私，贪污受贿，相互勾结狼狈为奸去整人害人等诸多见不得人的鬼蜮伎俩，哪一个不是事先都机关算尽，但最后仍是被人发现和识破，受到应得的谴责或惩戒，落个可耻可悲的下场。这是因为，无论怎样的巧妙隐蔽，也绝不可能不留下一些蛛丝马迹，事情只要做了，那在时间与空间上都不会是一片空白，就会留下破绽或露出马脚，也许能蒙混一时一刻，但终会有水落石出的时候。

> **俗语智慧**
>
> 这句俗语，既是正告也是警告，那些内心深处还存有醒龊不堪的贪欲与妄想而利令智昏者，应该是崖勒马，不要为非作歹，不要成为一个为人唾弃、罪孽深重的人间败类。

150. 一心不可二用

人的心思只能用在一个地方，如果注意力分散则注定一事无成。

《韩非子》中说：赵襄王向王子期学驾车，不久之后就和他追逐竞赛起来。赵襄王换了三次马，三次都落后了。

赵襄王便说："你教我驾车，没有把真本事全传给我。"

王子期回答说："本事都教给您了呀！但您可用得不对头呵！大凡驾车最重要的是使马的身体安于驾车，而驾车人的精神则要集中于马，这样才可以加快速度，达到目的。今天国君在落后时就一心想追上我，跑在前面时又生怕我赶上了您，然而驾车竞赛这件事，不是跑在前面就是掉在后面。而您不管是跑在前面，还是掉在后面，都把心思用在我的身上，哪有心思去调马呢？这就是您为什么要落后的原因所在了。"

在生活中，有很多类似的情况，人们因此概括出一句具有劝诫意义的"一心不可二用"的俗语。

无论学习或工作还是从事某项研究，必须有专一的精神，因为心不专则事难成。如果能够一心一意致力于所从事的学习或工作，就算个人的资质差一些，也能够不断克服困难达到一个很高的境界。与此相反，思想精力不集中，不专心致志，就很难获取什么成果。一心二用就等于给自己设置不可逾越的重重阻碍，结果什么事也做不好、做不成，即使怨天尤人，也无济于事。

俗语智慧

"一心不可二用"这句俗语，是一句深入浅出的大实话，它阐明的道理容易明白，但实践起来，确实要有坚定的意志和毅力，如果理论脱离实际，只能是一句毫无意义的空话。它难在实践，贵在实践。

151. 疑心生暗鬼

由于自己心里有了怀疑的念头，而在暗中或私下里产生不为人知道的想法或猜测。这纯粹属于仅凭自己主观意识，不以客观实际情况为根据的一种错误想法。

古代《列子》一书中，记述了一则寓言故事。有个人丢了一把斧子,怀疑是他邻人的儿子偷去了。他仔细观察那邻人的儿子,走路好像是偷了斧子的样子,表情好像是偷了斧子的样子,说话也好像是偷了斧子的样子。他越看越像。就连那人的一举一动,一喜一忧,竟没有一样不像是偷了他斧子的。不久,这个丢斧子的人,打开家里的地窖,发现了自己无意中遗忘在那里的斧子。以后,再看那邻人的儿子,一举一动,一言一笑,就一点也不像是偷了斧子的了。

没有客观依据而疑心,仅凭主观臆断,往往会产生错觉。

在现实生活中,对一些是是非非仅凭主观想象,不做客观的调查研究就妄加猜测,往往会害了别人,因此这种疑心有时是很危险的。

俗语智慧

在判断或论定是非之前,允许存在怀疑,但最终则是要凭借事实依据,做出正确无误的公正结论。

152. 远水解不了近渴

口渴难耐的时候远方有再多再甜的水也无济于事。

中国古代有一则"庄周贷粟"的寓言故事。庄周家里很清贫。有一次,庄周去向监河侯借粮。监河侯非常吝啬,可又很爱面子,见庄周来借粮,如说不借,面子上不好看,就很慷慨地说:"好,等我今年收了老百姓的租税之后,一定借给你三百金。"庄周知道监河侯不想借粮给他,就给监河侯讲了一件昨天经历的事情,他说:"我昨天来的时候,走在路上,忽然听见有呼救之声,回头一看,发现干涸的车辙中有一条鲋鱼。我问鲋鱼:'你叫我干什么?'鲋鱼说:'我是东海里的波臣,不幸掉在这干涸的车辙里了,你能给我弄些水救救我吗?'我说:'好哇!我就要到南方去会见吴田和越国的国王,我让他们把西江的水引来救你。'鲋鱼一听脸都气得变了颜色,说:'我因缺水快要死了,你能给我弄点水,我就能活下来。若是等到引西江水来,还不如早点到干鱼市去找我!'"

事实证明:无论多慷慨的承诺,多好听的甜言蜜语,如不能解决实际问题,那也只是一句假话,一句空话,于事毫无助益。

这句"远水解不了近渴"的本意很好理解,不必做更多的解释。但它的寓意却发人深思。它告诉人们做任何事情,事先要有充分的准备,做到有备而无患,不要事到临头才想办法,因为有个来得及或来不及的问题,也就是说做事情一定要未雨绸缪,不能临渴而掘井。

俗语智慧

对待别人给你的许诺,需要审慎地考虑对方是出于至诚,是真心实意地帮助,还是一种脱离实际的愚弄,一种伪善,因而不能盲目地听信,造成贻误或损失。

153. 照葫芦画瓢

如果不知道瓢是什么样子不妨照着葫芦的样子去画。比喻机械模仿的行为。

有人做好了样本，后人稍加改动就可以搬过来自己用了。

北宋初年，有个名叫陶谷的翰林学士，他在赵匡胤身边长期担任起草各种文告的工作，文笔很好，人们都钦佩他的才华，但奇怪的是陶谷却一直没有得到升迁。一次偶然的机会，有位官员在赵匡胤面前称赞陶谷的才能，并主张对他应加以重用。赵匡胤听过之后却不以为然，只是淡然地说："起草文告这样的工作，无非是照着前人的旧文本抄抄写写，其间改动几个字句，就像'依样画葫芦'，没有什么值得赞扬的。"

事后陶谷知道了事情的原委，他对皇帝如此淡漠的评价，感到非常失望，认为自己怀才不遇，但身在"家天下"的封建统治之中，他只能隐忍而已。

这句俗语引申的含义有两层。一是事情简单、容易，不需要花费很大的功夫就能办到。二是头脑简单，只是照样模仿，没有发挥创造性。尽管这句俗语的本义给人感觉不太积极，然而，没有葫芦的对照，也是画不出瓢来。所以在做事时客观上能有个样本，心中有个底数，而不陷于盲动，还是有所帮助的，不应过于贬低它的借鉴作用。

六、做事镜鉴篇

俗语智慧

照着葫芦能画好瓢也并不简单。其实这句俗语表达的意义没有什么对错之分,而只有适宜不适宜的区别。

154. 争之不足,让之有余

总为自己争夺利益永远没有满足之时,相反礼让谦逊却让你家有盈余。

东汉末年,"建安七子"之一的文学家孔融,幼时"四岁让梨"的故事一直传为美谈。在诸多的事物面前,有的人不计较个人得失,总是谦让于人。然而,有的人则与此相反,这种人心里只装着自己,事事都要去争,生怕吃一点亏。然而那些不争的人往往既得到美名,又获得了实惠;事事要争的人却总是事事落后,惹人耻笑。后来人们就总结出这句"争之不足,让之有余"的俗语。

句中的"之"字是个代词,它在具体语言环境中指代具体事物。"争"表示对有利于己的事物,力求得到或达到;"让"表示把方便或好处留给别人。

有一个反例很能说明这一问题。在西汉末年平帝当政时,王莽已掌握大权,并有篡位之图。当时汉平帝只有十几岁,还没有立皇后。王莽便想把自己的女儿许配给平帝，当上皇后，以巩固自己的权势。

一天，他向太后建议说："皇帝即位已经三年了，还没有立皇后，现在是操办这件大事的时候了。"太后点头称是。一时间，许多达官显贵争着把自己的女儿报到朝廷，王莽当然也不例外。然而王莽想到，报上来的女子，许多人比自己的女儿强，不耍花招，女儿未必能入选。于是他又去见太后，故作谦逊地说："我无功无德，我的女儿也才貌平平，不敢与其他女子同时并举。请下令不要让我的女儿入选吧。"太后没有看出王莽的用心，反而相信他的"至诚"，马上下诏："安汉公（王莽的爵号）之女乃是我娘家女儿，不要入选了。"

王莽如果真是有意避让，把自己的女儿撤回来就行了，但经他鼓动太后一下令，反而突出了他的女儿，引起了朝野的同情。每天都有上千人要求选王莽之女为皇后。朝中大臣也说情，他们说："安汉公德高望重，如今选立皇后，为什么单把安汉公的女儿排除在外？这难道是顺天意吗？我们希望把安汉公之女立为皇后！"于是王莽又派人前去劝阻，结果是越劝阻说情的人越多。太后没有办法，只好同意王莽的女儿入选。

王莽抓住这个时机又假惺惺地说："应该从所有被征召来的女子中，挑选最适合的人立为皇后。"朝中大臣们力争说："立安汉公之女为皇后，是人心所向。就不要再选别的女子干扰立后这件大事了。"王莽看到自己的女儿被立为皇后已成定局，才不再表示推辞。不久，王莽的女儿就当上了皇后。

古人常常把谦恭礼让的举止言行，看作是为人处事、安身立命的一个准则，这确是值得认真对待的道理。

六、做事镜鉴篇

俗语智慧

要有志有识而去争光争气；不要为一己之私而去争名争利。可以说：当争则争，不当争则不争且应礼让于人；当让则让，不当让则不让且应当仁不让。

155. 隔着锅台上不了炕

过去在农村的旧式住房，一般人家的屋里都是锅台连着炕的格局，尽人皆知，虽然锅台连着炕，但谁也不能抬起腿来，一步就能迈上炕去，必须绕过锅台才能上炕。人们在日常生活中，把有些事情还差条件或原因，不能马上办成的情况，拿一句"隔着锅台上不了炕"俗语作比。

这句俗语比喻得非常生动形象，告诉人们做什么事情都要从客观的实际出发，不能超越现实。只有条件成熟才能水到渠成，要脚踏实地努力去做，一步一个脚印地走向成功之路，不能急于求成，更不能好高骛远，否则只会欲速则不达。

有人只想"不鸣则已，一鸣惊人"，但是"万丈高楼平地起"，如果平时不注重一点一滴地取得提高和进步，那鸣都鸣不出来，更说不上有什么惊人之鸣了。古时候，一个年轻的读书人，平时疏懒怠惰，又极为狂傲，打扫屋子这种"小事"他从来不做，结果把房间弄得又脏又乱，有人问他的志向，他大言不惭地说："志在天下。"人们听了之后，根据他的言行，背地里讥讽他说："一室不扫，何以扫天下？"

在梦想与成功之间，有一段或长或短的距离，如果你不去努力，那梦想就只能成为空想，你也永远不会成功。

俗语智慧

俗语说："万事俱备、只欠东风。"如果万事不备，那东风也就无用武之地了。所以这句"隔着锅台上不了炕"的俗语，虽然十分粗浅，但却使人警醒。

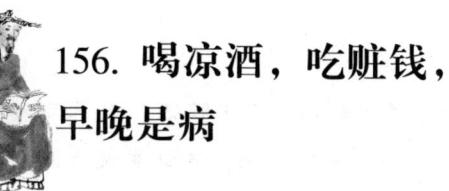

156. 喝凉酒，吃赃钱，早晚是病

常喝凉酒，身体早晚要生病；坐收不义之财，人生路上早晚要生无妄之灾。

过去，人们在喝酒时，都要把装在酒具里的酒，先放在火上或热水里烫热，然后再饮用，因为担心喝了凉酒会损害健康。据说，常喝凉酒，到了晚年，容易患上神经系统或血管等方面的疾病。所以忌喝凉酒是防患于未然的经验之谈。

句中的"早晚"，表示或早或晚，"病"解释为祸害，指引起灾难的人或事物,"吃"字,包括接受和索取的两个方面。

　　这句俗语是一句对人警戒的话。重点是"吃赃钱"。因为"喝凉酒"只是对本人的身体造成危害,它不会殃及别人,更不会对社会、对国家造成危害和影响。然而"吃赃钱"不仅是个人的犯罪,而且像传染性病毒一样祸国殃民。

　　一些朝代的统治者也曾打击过"吃赃钱"的行为,很多贪官污吏在查获之后,被问罪斩首,抄没家财并株连亲族。但"吃赃钱"仍然屡禁不止,反而越演越烈,究其根源,这是由于当时的社会制度落后,所以才形成几乎是无官不贪的局面,"吃赃钱"成为不治之症。

　　今天,我们已经进入新的时代,但旧社会留下的"见财起贼心"的流毒,还在腐蚀一些人的灵魂,使他们堕落为社会的蠹虫,他们用卑劣的手段贪污受贿,侵吞国家财物。"巧"取不义之财为所欲为,他们自以为不会被人察觉和识破,其实是自作聪明而利令智昏,这种人早晚会为他们的贪欲付出代价。

俗语智慧

　　常言说:没有不透风的墙。"吃赃钱"是天理难容,法纪不容的罪恶行为。所以人生一世,要认真地考虑自己生前身后的声誉,要想到做人的根本品德,应该做些对国家和人民有益的事情。一定要以前车的覆辙为鉴戒,不能像那些贪赃枉法的人间丑类,自己挖坑把自己埋葬而自取灭亡。

157. 螳螂捕蝉，黄雀在后

螳螂在树上全神贯注地捕食蝉，而黄雀正跟在后面准备捕食螳螂。这句俗语是说做人不能目光短浅，在你一心谋划侵害别人的同时，很可能有人正等着算计你呢！现在这句俗语常被用来提醒人们，做事时要计划周密，不要轻举妄动。

这句俗语源于一个小故事。吴王准备进攻楚国，他召集群臣，宣布要攻打楚国。大臣们一听这个消息，低声议论起来，因为大家都知道吴国目前的实力还不够雄厚，应该养精蓄锐，先国富民强，才是当务之急。

吴王却很专横，不肯听任何反对意见。

大臣中有一位正直的年轻人，他下朝后心中仍无法安宁，思前想后，他觉得不能因为自身得益而不顾国家的安危。这位大臣在自家的花园内踱来踱去，目光无意中落到树上的一只蝉的身上，他立刻有了主意。

第二天一大早，这位大臣便来到王宫的后花园内，他知道每天早朝前吴王都要到这里散步，所以，他有意在这里等候。

过了大约两个时辰，吴王果然在宫女的陪同下，来到后花园。那位大臣装作没有看见吴王，眼睛紧盯着一棵树。他的衣服已经被露水打湿了，他仍仿佛没有察觉一般，眼睛死死地盯着树枝在看什么，手里还持

着一只弹弓,吴王看见后很纳闷,便走上前去,拍拍他的肩,问道:

"喂,你一大早在这里做什么?何以如此入神,连衣服湿了都不知道?"

那位大臣故意装作仿佛刚刚看到吴王,急忙施礼赔罪道:

"刚才只顾看那树上的蝉和螳螂,竟不知大王的到来,请大王恕罪。"

吴王挥挥手,却好奇地问:

"你究竟在看什么?"

那位大臣说道:

"我刚才看见一只蝉在喝露水,没发现有只螳螂正弓首弯腰准备捕食它,而螳螂也想不到一只黄雀正在把嘴瞄准了自己,黄雀更想不到我手中的弹弓会要它的命……"

吴王笑了说:

"我明白了,不要再说了。"

终于,吴王打消了攻打楚国的念头。

俗语智慧

在看到眼前利益的同时,也要考虑到背后潜伏的危机,鼠目寸光、利令智昏,只能招致不必要的损失。

158. 鹬蚌相争，渔翁得利

鹬要吃蚌，蚌夹住鹬的嘴，它们相争的结果，只能是让渔翁拣便宜。这句俗语取材于一个寓言，千百年来已为人们所熟知。这句俗语所要表达的意思是：人与人之间应该团结互助，钩心斗角只会给坏人造成可乘之机，给彼此都带来灾祸。

战国时候，秦国最强，常常倚仗自己的优势去侵略别的弱国，弱国之间，也常常互有磨擦。

有一次，赵国声称要攻打燕国。当时著名游说之士苏秦的弟弟苏代，正在燕国，受燕王的委托，到赵国去劝阻赵王出兵。

到了邯郸，苏代见到赵惠文王。赵惠文王知道苏代是为燕国当说客来了，但仍明知故问地说："喂，苏代，你从燕国到我们赵国来做什么呢？"

"尊敬的大王，我给你讲故事来了。"

讲故事？他要讲什么故事呢？赵惠文王心中不禁一愣。

接下来，苏代便开始讲他所要讲的故事。

他说这次到赵国来，经过易水的时候，看见一只蚌，正张开双壳，在河边晒太阳。忽然飞来一只水鸟，伸出长嘴去啄蚌的肉。蚌立即用力合拢双壳，把水鸟的嘴夹住了。这时候，水鸟对蚌说："不要紧，只要今天不下雨，明天不下雨，你就会晒死。等你死了我再吃你的肉。"

蚌不服气，它回敬水鸟说："不要紧，你的嘴今天拔不出来，明天拔不出来，你也会活不成的。咱谁吃谁的肉，还说不定呢！"

它俩就这样争吵不休，谁也不肯相让。

正当它俩争吵的时候，一个渔翁走了过来，看到此景，毫不费力地伸手把它俩一起拿去了。

苏代讲完了上边的故事，然后严肃地对赵惠文王说："尊敬的大王，听说贵国要发兵攻打燕国。如果真的发兵，那么，两国相争的结果，恐怕要让秦国做渔人了。"

赵惠文王觉得苏代的话有道理，便放弃了攻打燕国的打算。

俗语智慧

做事时要看清形势，别为了一点私利与人钩心斗角、针锋相对，最后弄得两败俱伤，而是应该坦诚相待，互惠互利，达到双赢的目的。

159. 用人不疑，疑人不用

任用一个人就不要对他多加猜疑，否则还不如不用他。这句俗语对于领导者来说是一句至理名言，从古至今都是如此。在古代，将军出战要根据具体情况制定战略，即使是"君命"也"有所不受"，如果因为猜疑，君主就对将领处处掣肘，那仗就肯定打不赢了。既然任用一个人，那就让他放手去做，这才是用人之道。

用人不疑,疑人不用,才是一个明智的领导者。齐桓公为了称霸天下,广求天下贤士辅佐。卫国人宁戚也想去应聘,但他家里贫困,苦于没人举荐自己。最后他想出了一个办法,于是就替卫国一个商人赶着货车来到齐国。等他们赶到齐国国都时,已经是傍晚,只好住宿在城门之外。

这一天,齐桓公正好在郊外迎客,夜里打开城门,让装载货物的车子让开。迎宾队伍中的随从很多,火把也很明亮。宁戚在车下喂牛,远远地望见了齐桓公,心中十分悲伤,于是就敲着牛角大声地唱起歌来。

齐桓公听到了歌声,细细品味歌词,说:"真是与众不同啊!这个唱歌的人绝对不是一般的人。"说罢便下令把宁戚带回去。

齐桓公回到宫中,侍从们请示桓公如何安置宁戚。齐桓公赐给他衣服帽子,随即召见他。宁戚见到桓公后,便用如何治理国家的话劝说他,桓公十分满意。

第二天,齐桓公又召见宁戚。这一次,宁戚又用如何治理天下的话劝说桓公,桓公听了以后更加高兴,准备任用他担任要职。

大臣们听到这个消息后,纷纷劝谏道:"宁戚是卫国人,我们对他的底细还不太了解。大王还是先调查一下,如果他确实是个贤德之人,再任用他也不晚。"

齐桓公摇了摇头,说:"不用了。用人而疑之,这正是君主失去天下杰出人才的原因。"

最后,齐桓公没有听从大臣的意见,还是对宁戚委以重任。

六、做事镜鉴篇

俗语智慧

用人之前就要对他有深入的了解,用其所长,避其所短,不拘泥于小节,这样自然就不会再有"疑人"的想法。

160. 没有规矩，不成方圆

不用圆规和矩尺，就无法判断方和圆合不合标准。这句俗语在生活中应用很广：教育孩子、做事……判断是非必然要有一个标准，有了规矩，才可以判断人们行为的对与错。

凡是做车轮的师傅，手边总离不了一个圆规，他习惯于用这样一件工具去测量普天下的物件，到底是圆还是不圆。他一边测量，还要一边对人解释："只要符合我这个圆规的标准，就可以称作圆，如果不符合我这个圆规的标准，就应该视为不圆。所以，你如果想判断任何一个物件是圆还是不圆，只要用我这个圆规去测量一下，就明白了。"

这是什么道理呢？原来，确定圆与不圆的标准和方法都十分明确，因此是不容置疑的。

而做房屋家具的木匠师傅，手边也总离不开一把矩尺，他经常用这样一件工具去测量普天下的物件，到底是方还是不方。他也是一边测量，一边对人说："凡是符合我这把矩尺的标准的，就是方的；如果不符合我这把矩尺的标准，就是不方。所以，你要想知道一件东西是方还是不方，只要用我这把矩尺去测量一下，就清楚了。"

这又是什么缘故呢？原来，判定方与不方的标准和手段早就确定，因此已无须争议了。

但这句俗语的意思已经被扩展了，现在人们常用这句俗语喻指，做事或教育孩子都必须要有规矩，缺少管束，孩子就教管不好、事情也做不好。

> **俗语智慧**
>
> 对世间的任何人或事，只要规定出明确的评价标准，其是非曲直也就会一目了然，从而避免许多无意义的争论，看来生活中我们还真少不了规矩二字。

161. 多行不义必自毙

坏事做多了，就会自取灭亡。这句俗语主要是用来警示世人，为了一己之利坏事做尽，为达目的铤而走险，其实就是在一步步走向深渊，也可以说是自寻死路。

这句俗语包含的深意，每个人都应细细思量。共叔段是春秋时郑庄公的弟弟，因受封在京地，人们又叫他"京城太叔"。

京城太叔倚仗母亲宠溺他而十分骄横。他不满意哥哥继承王位，处心积虑想将哥哥取而代之。他到封地后，首先就修筑城池。修得又高又大又坚固，无疑是在进行作战的准备。

郑庄公手下的大臣祭仲得知后，立即向郑庄公汇报说："封地的城市过大，必然给国家带来分裂的隐患。祖制有规定：大城市不能超过国都的三分之一，中等城市不能超五分之一，小的城市只允许有九分之一。今天京地的城市大大超过祖先的制度。这对大王是很不利的。"

郑庄公叹息一声，摇摇头说："难道我不知道这个道理吗？都是母亲的意图，我敢说不行么？"祭仲说："大王的母亲过于溺爱京城太叔，我看您无论如何忍让，他都不会满足！大王不如早做好准备，不要让这种情况发展下去，否则就不好办了。这就好比荒草，到处滋长蔓延，很难根除；京城太叔是你最喜爱的弟弟，到时想除去，恐怕在感情上都很难办到。"郑庄公听了这一席话，半天没有开口。最后，他咬紧牙关充满杀气地说："做了许多不合道义的事，他就会自取灭亡（多行不义必自毙）！"

祭仲终于明白了郑庄公的意思：等找到足够的借口，再除掉共叔段！

俗语智慧

在为人处世中，不一定事事都要去争、去计较，有时恰当地给对手制造其做大的时机，自己反而获利更大。